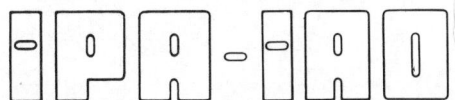

Forschung und Praxis

Band 126

Berichte aus dem
Fraunhofer-Institut für Produktionstechnik
und Automatisierung (IPA), Stuttgart,
Fraunhofer-Institut für Arbeitswirtschaft
und Organisation (IAO), Stuttgart, und
Institut für Industrielle Fertigung und
Fabrikbetrieb der Universität Stuttgart

Herausgeber: H. J. Warnecke und H.-J. Bullinger

Klaus Baumeister

Kommissioniersystem mit Roboter und Mehrstückgreifer

Mit 53 Abbildungen

Springer-Verlag
Berlin Heidelberg New York
London Paris Tokyo 1988

Dipl.-Ing. Klaus Baumeister

Fraunhofer-Institut für Produktionstechnik und Automatisierung (IPA), Stuttgart

Dr.-Ing. H. J. Warnecke

o. Professor an der Universität Stuttgart
Fraunhofer-Institut für Produktionstechnik und Automatisierung (IPA), Stuttgart

Dr.-Ing. habil. H.-J. Bullinger

o. Professor an der Universität Stuttgart
Fraunhofer-Institut für Arbeitswirtschaft und Organisation (IAO), Stuttgart

D 93

ISBN 3-540-50133-9   Springer-Verlag Berlin Heidelberg New York
ISBN 0-387-50133-9   Springer-Verlag New York Berlin Heidelberg

Die Wiedergabe von Gebrauchsnamen, Handelsnamen, Warenbezeichnungen usw. in diesem
Werk berechtigt auch ohne besondere Kennzeichnung nicht zu der Annahme, daß solche
Namen im Sinne der Warenzeichen- und Markenschutz-Gesetzgebung als frei zu betrachten
wären und daher von jedermann benutzt werden dürften.
Sollte in diesem Werk direkt oder indirekt auf Gesetze, Vorschriften oder Richtlinien (z. B.
DIN, VDI, VDE) Bezug genommen oder aus ihnen zitiert worden sein, so kann der Verlag keine
Gewähr für Richtigkeit, Vollständigkeit oder Aktualität übernehmen. Es empfiehlt sich, ge-
gebenenfalls für die eigenen Arbeiten die vollständigen Vorschriften oder Richtlinien in der
jeweils gültigen Fassung hinzuzuziehen.
Gesamtherstellung: Copydruck GmbH, Heimsheim
2362/3020—543210

Geleitwort der Herausgeber

Futuristische Bilder werden heute entworfen:

o Roboter bauen Roboter,

o Breitbandinformationssysteme transferieren riesige Datenmengen in
  Sekunden um die ganze Welt.

Von der "menschenleeren Fabrik" wird da gesprochen und vom "papierlo-
sen Büro". Wörtlich genommen muß man beides als Utopie bezeichnen,
aber der Entwicklungstrend geht sicher zur "automatischen Fertigung"
und zum "rechnerunterstützten Büro". Forschung bedarf der Perspektive,
Forschung benötigt aber auch die Rückkopplung zur Praxis - insbeson-
dere im Bereich der Produktionstechnik und der Arbeitswissenschaft.

Für eine Industriegesellschaft hat die Produktionstechnik eine Schlüs-
selstellung. Mechanisierung und Automatisierung haben es uns in den
letzten Jahren erlaubt, die Produktivität unserer Wirtschaft ständig
zu verbessern. In der Vergangenheit stand dabei die Leistungssteigerung
einzelner Maschinen und Verfahren im Vordergrund. Heute wissen wir, daß
wir das Zusammenspiel der verschiedenen Unternehmensbereiche stärker
beachten müssen. In der Fertigung selbst konzipieren wir flexible Fer-
tigungssysteme, die viele verkettete Einzelmaschinen beinhalten. Dort,
wo es Produkt und Produktionsprogramm zulassen, denken wir intensiv
über die Verknüpfung von Konstruktion, Arbeitsvorbereitung, Fertigung
und Qualitätskontrolle nach. Rechnerunterstützte Informationssysteme
helfen dabei und sollen zum CIM (Computer Integrated Manufacturing)
führen und CAD (Computer Aided Design) und CAM (Computer Aided Manufacturing) vereinen. Auch die Büroarbeit wird neu durchdacht und mit
Hilfe vernetzter Computersysteme teilweise automatisiert und mit den
anderen Unternehmensfunktionen verbunden. Information ist zu einem
Produktionsfaktor geworden, und die Art und Weise, wie man damit umgeht,
wird mit über den Unternehmenserfolg entscheiden.

Der Erfolg in unseren Unternehmen hängt auch in der Zukunft entscheidend von den dort arbeitenden Menschen ab. Rationalisierung und Automatisierung müssen deshalb im Zusammenhang mit Fragen der Arbeitsgestal-
tung betrieben werden, unter Berücksichtigung der Bedürfnisse der Mitarbeiter und unter Beachtung der erforderlichen Qualifikationen. Investitionen in Maschinen und Anlagen müssen deshalb in der Produktion wie
im Büro durch Investitionen in die Qualifikation der Mitarbeiter be-
gleitet werden. Bereits im Planungsstadium müssen Technik, Organisation
und Soziales integrativ betrachtet und mit gleichrangigen Gestaltungs-
zielen belegt werden.

Von wissenschaftlicher Seite muß dieses Bemühen durch die Entwicklung
von Methoden und Vorgehensweisen zur systematischen Analyse und Verbesserung des Systems Produktionsbetrieb einschließlich der erforderlichen Dienstleistungsfunktionen unterstützt werden. Die Ingenieure
sind hier gefordert, in enger Zusammenarbeit mit anderen Disziplinen,
z. B. der Informatik, der Wirtschaftswissenschaften und der Arbeitswissenschaft, Lösungen zu erarbeiten, die den veränderten Randbedingungen
Rechnung tragen.

Beispielhaft sei hier an den großen Bereich der Informationsverarbei-
tung im Betrieb erinnert, der von der Angebotserstellung über Konstruktion und Arbeitsvorbereitung, bis hin zur Fertigungssteuerung und Qualitätskontrolle reicht. Beim Materialfluß geht es um die richtige Aus-

wahl und den Einsatz von Fördermitteln sowie Anordnung und Ausstattung von Lagern. Große Aufmerksamkeit wird in nächster Zukunft auch der weiteren Automatisierung der Handhabung von Werkstücken und Werkzeugen sowie der Montage von Produkten geschenkt werden.

Von der Forschung muß in diesem Zusammenhang ein Beitrag zum Einsatz fortschrittlicher intelligenter Computersysteme erfolgen. Planungsprozesse müssen durch Softwaresysteme unterstützt und Arbeitsbedingungen wissenschaftlich analysiert und neu gestaltet werden.

Die von den Herausgebern geleiteten Institute, das

- Institut für Industrielle Fertigung und Fabrikbetrieb der Universität Stuttgart (IFF),

- Fraunhofer-Institut für Produktionstechnik und Automatisierung (IPA),

- Fraunhofer-Institut für Arbeitswirtschaft und Organisation (IAO)

arbeiten in grundlegender und angewandter Forschung intensiv an den oben aufgezeigten Entwicklungen mit. Die Ausstattung der Labors und die Qualifikation der Mitarbeiter haben bereits in der Vergangenheit zu Forschungsergebnissen geführt, die für die Praxis von großem Wert waren. Zur Umsetzung gewonnener Erkenntnisse wird die Schriftenreihe "IPA-IAO - Forschung und Praxis" herausgegeben. Der vorliegende Band setzt diese Reihe fort. Eine Übersicht über bisher erschienene Titel wird am Schluß dieses Buches gegeben.

Dem Verfasser sei für die geleistete Arbeit gedankt, dem Springer-Verlag für die Aufnahme dieser Schriftenreihe in seine Angebotspalette und der Druckerei für saubere und zügige Ausführung. Möge das Buch von der Fachwelt gut aufgenommen werden.

H. J. Warnecke · H.-J. Bullinger

Vorwort

Die vorliegende Arbeit entstand während meiner Tätigkeit als
wissenschaftlicher Mitarbeiter am Fraunhofer-Institut für
Produktionstechnik und Automatisierung (IPA), Stuttgart.

Mein besonderer Dank gilt dem Leiter des Instituts, Herrn
Prof. Dr.-Ing. H.-J. Warnecke für seine großzügige Unterstützung und Förderung, die entscheidend zur erfolgreichen Durch-
führung dieser Arbeit beigetragen haben.

Herrn Prof. Dr. techn. F. Beisteiner danke ich für die Über-
nahme des Korreferats und für die vielen wertvollen Hinweise,
die sich daraus ergaben.

Aus dem großen Kreis der Kollegen am Institut, die mich durch
ihre Mitarbeit und anregende Kritik unterstützt haben, möchte
ich die Herren Dr.-Ing. B. Graf, Dr.-Ing. M. Schweizer,
Dr.-Ing. H. Gzik, Dr.-Ing. R. Schanz und Prof. Dr.-Ing.
R.D. Schraft besonders erwähnen.
Ihnen allen gilt mein herzlicher Dank.

Stuttgart, im April 1988

                              Klaus Baumeister

Inhaltsverzeichnis

- 10 -

0   Abkürzungen und Formelzeichen

A/D   Analog/Digital
AKORD   Automatisierung im Kommissionierbereich
                       mit Roboter und Datenverarbeitung
BB   mm   Belegungsbreite
BF   mm^2 Belegungsfläche
BL   mm   Belegungslänge
CIM   Computer Integrated Manufacturing,
                       Rechnerintegrierte Fertigung
DIN   Deutsches Institut für Normung
EZ   Einzelzeilengriff
LKS   Lager- und Kommissioniersystem
LF   Lagenanzahl im Fach
M   Anzahl Entnahmen
m   Zeilenzahl einer (Teil-) Ablagematrix
ME   Menge pro Position
ME_g Gemeinsam entnommene Menge
MHS   Modulares Handhabungssystem
MZ   Mehrzeilengriff
n   Spaltenanzahl einer (Teil-) Ablagematrix
N_{kom} Anzahl Kommissionierer
OCR   Optical Character Recognition
Pos   Position
SF   Spaltenanzahl im Fach
t_{bas} s/Pos   Basiszeit
t_{gr} s/Pos   Greifzeit
t_{kom} s/Pos   Kommissionierzeit
t_{tot} s/Pos   Totzeit
t_{weg} s/Pos   Wegzeit
U^{max}_{kom} Pos/h Maximale Kommissionierleistung
VDI   Verein Deutscher Ingenieure
ZE   Zeiteinheit
ZFK   Werkstückanzahl in einer unvollständigen
                       Zeile im Fach
ZFV   Anzahl vollständiger Zeilen im Fach
ZF   Zeilenanzahl im Fach
ZOSS   Zeilenorientiertes Sensorsystem

1   Einleitung

1.1   Problemstellung

Die Automatisierung in der Produktion ist in den letzten Jahren durch die Forderung des Marktes geprägt, sehr schnell eine
Vielfalt von Produkten kostengünstig anbieten zu können.
Mittels Einsatz moderner Rechentechnik und universell ver-
wendbarer Maschinen wurden Einzweckautomaten durch flexible,
automatisierte Fertigungsmittel ersetzt /1/. Hier fand vor
allem in der Teilefertigung der Industrieroboter bei der
Werkstück- und Werkzeughandhabung seinen Platz /2, 3/. Doch
eine weitere Produktionssteigerung bei gleichzeitig höherer
Flexibilität ist nur durch eine engere Verknüpfung des
Material- und Informationsflusses bei den Fertigungs-, Lager-
und Transporteinrichtungen zu einem Gesamtsystem Fabrik zu
erzielen /4/. In einem solchen zukünftigen, ganzheitlichen
Produktions- und Logistiksystem ist ein weiteres Vordringen
des Industrieroboters von der Handhabung in den Materialfluß-
bereich zwingend notwendig /5, 6/.

Ein auf Grund des Rationalisierungspotentials interessanter
Bereich ist das Kommissionieren. Gerade dort bestimmen die
wesentlichen Faktoren der zukünftigen Fabrik, der Material-
und Informationsfluß, die Automatisierungsmöglichkeiten. Der
Kommissionierbereich, der durch wachsende Personalkosten und
oft hohe körperliche Belastungen für die Mitarbeiter gekenn-
zeichnet ist, war bisher in herkömmlicher Weise nicht flexibel
zu automatisieren, da ein breites Produktspektrum, das großen
Nachfrageschwankungen und somit einer ständigen Änderung un-
terliegt, nur der Mensch verarbeiten konnte. Der Industrieroboter ist jedoch heute in der Lage, eingebunden in ein Kommissioniersystem, vielseitige Handhabungsaufgaben wie Bereitstellen, Entnehmen, Bewegen und Ablegen vollautomatisch aus-
zuführen. Doch wie die Erfahrungen in der Produktion zeigten,
kann der Industrieroboter nicht einfach in vorhandene Struk-
turen gesetzt werden /7/, sondern das Umfeld ist auf die
Technologie abzustimmen /8, 9, 10, 11/. Um eine hohe Kommissionierleistung des Industrieroboters erzielen zu können, ist

hierbei eine wesentliche Problemstellung für die Gestaltung
des Industrieroboter-Kommissioniersystems, analog zur manuellen Kommissioniertätigkeit ein gleichzeitiges Greifen mehrerer
gleichartiger Werkstücke für die automatische Kommissionierung
zu verwirklichen /12/.

1.2   Zielsetzung

Die Leistungssteigerung in einem Industrieroboter-Kommissioniersystem durch gleichzeitiges Greifen mehrerer Werkstücke
ist das übergeordnete Ziel dieser Arbeit. Am Beispiel quaderförmiger Werkstücke soll der Industrieroboter eine vollständige automatische Kommissionierung von der Einlagerung der
Werkstücke bis zur palettierten Auslagerung der Aufträge durchführen. Eingebunden in den Material- und Informationsfluß des
Logistiksystems Fabrik soll mit einem solchen vollautomatischen
Kommissioniersystem ein Baustein einer rechnerintegrierten Fertigung (CIM) verwirklicht werden. Zur Leistungssteigerung soll
der Industrieroboter die Ordnung der Werkstücke bei der Anlie-
ferung und Lagerung ausnützen und mehrere Werkstücke gleichzeitig greifen. Für dieses Industrieroboter-Kommissioniersystem
werden im Rahmen dieser Arbeit spezielle Teilkomponenten wie
Greifer, Sensorik und Softwareprogramme entwickelt und in ein
Gesamtsystem integriert.

1.3   Vorgehensweise

Ausgehend vom Stand der Technik werden die bisher vorhandenen
Industrieroboter-Kommissioniersysteme analysiert und bestehende Entwicklungslücken aufgezeigt. Daraus werden Entwicklungs-
schwerpunkte zur Verbesserung der Leistung und Flexibilität
bei der Handhabung im Industrieroboter-Kommissioniersystem ab-
geleitet. Diese umfassen die Entwicklung von Greifstrategien für
das Greifen mehrerer gleichartiger Werkstücke, die Entwicklung
eines darauf aufbauenden Palettier- und Kommissionierprogrammes
und die Konstruktion eines Greifers zum Greifen mehrerer gleichartiger Werkstücke. Diese Teilkomponenten des Industrieroboter-
Kommissioniersystems werden abschließend in ein Gesamtsystem in-
integriert und ihr Zusammenwirken erprobt.

2   Ausgangssituation

2.1   Begriffe und Definitionen

Die wesentlichen Faktoren in einem allgemeinen Betriebsschema
sind der Material- und Informationsfluß. Der Verein Deutscher
Ingenieure (VDI) hat in seiner Richtlinie 2411 /13/ den Ma-
terialfluß als die Verkettung aller Vorgänge beim Gewinnen,
Be- und Verarbeiten sowie bei der Verteilung von Gütern in-
nerhalb eines bestimmten Bereichs definiert. Im einzelnen ge-
hören die Vorgänge Bearbeiten, Prüfen, Handhaben, Fördern,
Aufenthalt und Lagern zum Materialfluß. Aufbauend auf dieser
Definition vertiefen die Richtlinien 3590 /14/ und 2860 /15/
Teilfunktionen des Materialflusses aus unterschiedlichem
Blickwinkel, Bild 1.

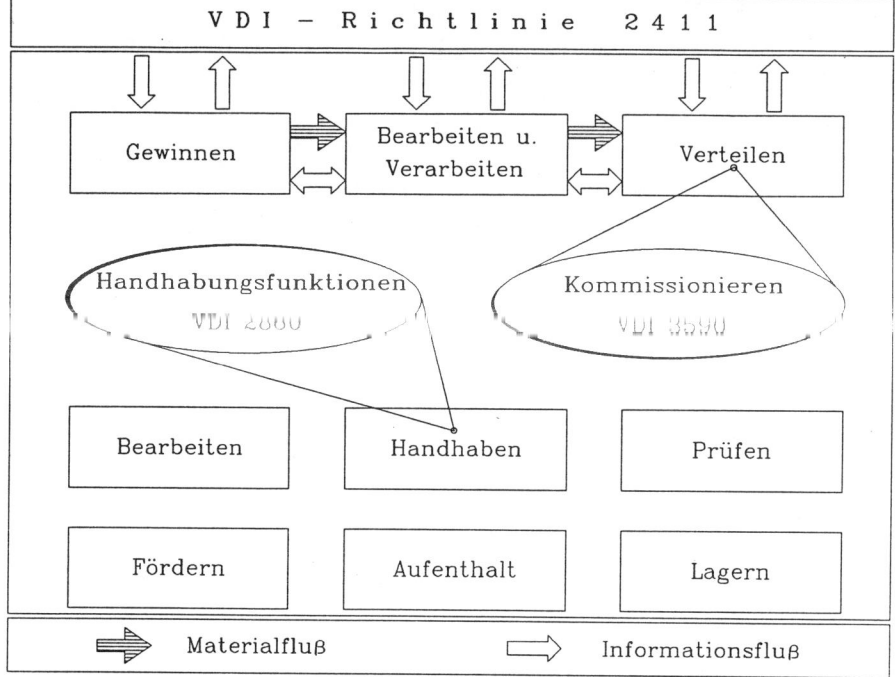

Bild 1: Material- und Informationsfluß in einem allgemeinen
        Betriebsschema.

2.1.1 Kommissionieren

Unter Kommissionieren versteht man nach VDI 3590 /14/ das Zu-
sammenstellen von bestimmten Teilmengen (Artikel) aus einer
bereitgestellten Gesamtmenge (Sortiment) auf Grund von Be-
darfsinformationen (Aufträge). Eingebettet in den betrieblichen Materialfluß als Teil der Gesamtfunktion Verteilen
(Logistik, Distribution) stellt Kommissionieren in der Regel
den Übergang von einer sortenreinen Lagerung zu einem sorten-
unreinen Verbrauch (z. B. Produktion, Montage, Versand) dar.

Die bestimmenden Begriffe der Funktion Kommissionieren, Auftrag, Sortiment und Artikel, haben das kleinste gemeinsame
Vielfache in der Entnahmeeinheit, Bild 2. Die Verbindung zwischen Sortiment und Artikel wird durch den Begriff Bereitstellungseinheit und zwischen Auftrag und Artikel durch den
Begriff Position hergestellt. Synonyme dieser Begriffe zeigt
die Tabelle des Bildes 2 nach VDI 3590 /14/.

Auftrag	Bedarfsinformation Order Kommission
Sortiment	Gesamtmenge Ware Gut
Artikel	Produkt Werkstück Verkaufseinheit
Position	Auftragszeile Kommissionier- einheit
Bereitstell- ungseinheit	Lagereinheit
Entnahme- einheit	Greifeinheit Pickeinheit

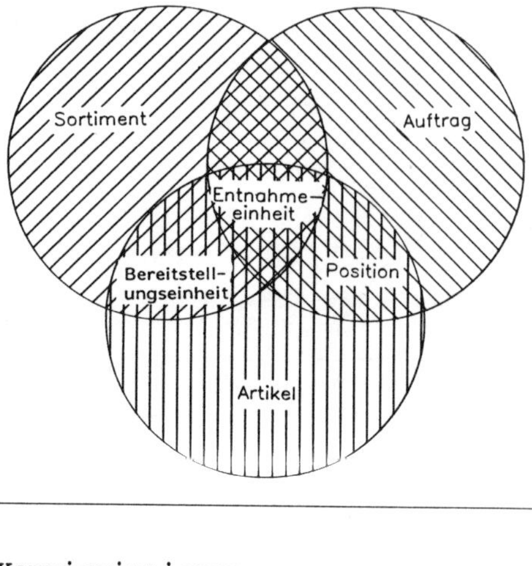

Bild 2: Begriffe der Funktion Kommissionieren

Von den synonymen Begriffen nach Bild 2 werden in dieser Arbeit nur die Begriffe Auftrag, Sortiment, Werkstück, Position,
Bereitstellungseinheit und Entnahmeeinheit verwendet. Die Po-

sition stellt hierbei eine Auftragszeile dar, die neben firmenspezifischen Werkstückbeschreibungen vor allem die Werkstückbezeichnung des zu kommissionierenden Werkstückes, d. h.
die Werkstückart, und dessen Stückzahl beinhaltet.

Kommissionieren läßt sich in die Grundfunktionen Bereitstellen, Entnahme, Fortbewegen und Abgabe der Werkstücke zerlegen. Je nach Ausführung der Grundfunktionen und ihrer Verknüpfung mit dem Informationsfluß ergeben sich unterschiedliche
Kommissioniersysteme. Ein durch die Grundfunktionen beschriebenes Kommissioniersystem ist jedoch auf den Sammelvorgang beim
Kommissionieren beschränkt. Schließen die Systemgrenzen auch
den Beschickvorgang mit Annehmen, Fortbewegen, Ablegen und Bereitstellen der Werkstücke mit ein, so spricht Gudehus /24/ von
einem vollständigen Kommissioniersystem. Hierbei sind Beschick-
und Sammelbereich über die Bereitstellung, d. h. über die Lagerung und Darbietung der Werkstücke, miteinander verbunden.

2.1.2 Handhaben

Handhaben ist neben Fördern und Lagern eine Teilfunktion des
Materialflusses und beinhaltet nach VDI 2860 /15/ das Schaffen, definierte Verändern oder vorübergehende Aufrechterhalten
einer vorgegebenen räumlichen Anordnung von geometrisch bestimmten Körpern in einem Bezugskoordinatensystem. Die räumliche Anordnung eines geometrisch bestimmten Körpers ist
durch seine Orientierung und seine Position definiert. Beide
zusammen beschreiben den Ordnungszustand eines Körpers. Erst
wenn alle sechs Freiheitsgrade der Orientierung und der Position zwischen körpereigenem Koordinatensystem und dem Bezugskoordinatensystem bestimmt sind, spricht die VDI-Richtlinie 2860 von einem geordneten Körper. Im Gegensatz dazu sind
bei einem teilgeordneten Körper zwischen einem und fünf Freiheitsgrade unbestimmt.

2.1.3 Industrieroboter-Kommissioniersystem

Ein Industrieroboter-Kommissioniersystem verknüpft Kommissionieren und Handhaben. Das Kommissionieren betrachtet die Or-

ganisation des Materialflusses und dessen Verknüpfung mit dem
Informationsfluß zur Bildung von Aufträgen. Auf das Werkstück
selbst wird nicht näher eingegangen. Handhaben sieht das einzelne Werkstück in seiner räumlichen Anordnung. Die sich än-
dernde Orientierung und Position des Werkstückes im Verlauf
des Materialflusses beschreibt das Handhaben, dagegen den Informationsfluß läßt das Handhaben außer Betracht. Der Industrieroboter stellt das Bindeglied zwischen den beiden Be-
trachtungsweisen dar. Nach VDI-Richtlinien 2860 /15/ ist ein
Industrieroboter ein universell einsetzbarer Bewegungsautomat
mit mehreren Achsen, dessen Bewegungen hinsichtlich Bewe-
gungsfolge und Wegen bzw. Winkeln frei programmierbar und ge-
gebenenfalls sensorgeführt ist. Integriert in ein Kommissioniersystem und somit angekoppelt an den betrieblichen Informationsfluß, z.B. an Leitrechner, zentrale Datenverarbeitungs-
anlage oder Distributionsrechner, führt er mit Greifer oder
Werkzeugen Handhabungsaufgaben aus /16, 17/. Erst durch die
Handhabungstätigkeiten des Industrieroboters im Kommissioniersystem ist es möglich, ein vollständiges automatisches Kommissioniersystem zu realisieren. Wie <u>Bild</u> 3 zeigt, können
schon mehrere Grundfunktionen eines Kommissioniersystems automatisiert sein, ohne daß man von einem vollständig automa-
tisierten Kommissioniersystem sprechen kann, da entweder im
Beschick- oder Entnahmebereich manuelle Grundfunktionen vorhanden sind. Auch die in <u>Bild</u> 3F schematisch dargestellten
Kommissioniersysteme, oft als Kommissionierautomaten bezeichnet, müssen manuell beschickt werden. Erst das automatische
Greifen durch den Industrieroboter ermöglicht ein vollständig
automatisiertes Kommissionieren.

Dabei bestehen analog zu der manuellen Kommissioniertätigkeit
zwei Möglichkeiten des Greifens: Das Greifen eines einzelnen
Werkstücks mit dem Einzelstückgriff oder das gleichzeitige
Greifen mehrerer gleichartiger Werkstücke mit dem Mehrstückgriff. Ein Greifer für den Mehrstückgriff wird in dieser Arbeit als Mehrstückgreifer bezeichnet.

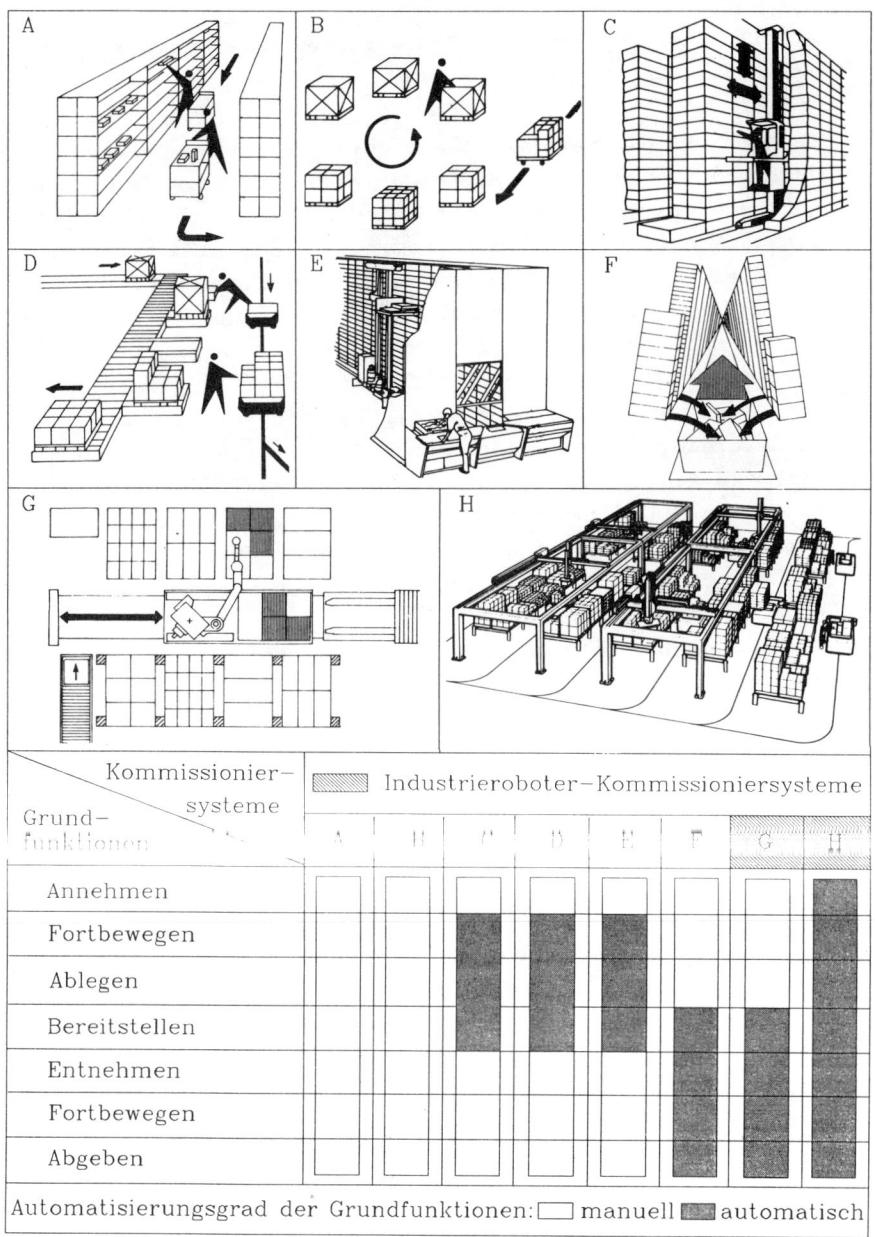

Bild 3: Automatisierungsgrad bei Kommissioniersystemen

2.2   Stand der Technik

2.2.1   Einsatzgebiet des Industrieroboter-Kommissionier-
         systems

Im Kommissionierbereich wird bisher überwiegend mit manuellen
oder teilautomatischen Systemen gearbeitet. Ein in der Regel
sehr breites Sortiment macht es schwer, automatische Systeme
einzusetzen. Durch Einsatz moderner Förder- und Lagertechnik
reduziert man die Wegezeiten beim Kommissionieren. Entweder
werden Lagerbehälter mit den Werkstücken automatisch zum zentralen Entnahmeort gebracht (dynamische Bereitstellung), oder
der Kommissionierer fährt im Regalförderzeug automatisch zur
Ware (statische Bereitstellung). In beiden Fällen erfolgt der
Greifvorgang manuell /18/. Durch Verbesserung des Informationsflusses, z. B. durch belegloses Kommissionieren, werden
diese manuellen und teilautomatischen Systeme weiter opti-
miert /19, 20/. Bei einheitlichem Sortiment, z.B. quaderförmigen Schachteln, und bei hoher Kommissionierleistung setzen
sich immer mehr Kommissionierautomaten /21, 22, 23/ durch. Die
Werkstücke lagern hier artenrein in einzelnen Magazinschächten
und werden auftragsgesteuert ausgeworfen. Ein Greifen erlaubt
die kurze Taktzeit nicht mehr.

Wie Bild 4 qualitativ zeigt, verarbeiten die bisher eingesetz-
ten Industrieroboter-Kommissioniersysteme ein ähnliches Sortiment wie die Kommissionierautomaten. Sie sind jedoch in der
Lage, größere Werkstückgewichte und mehr Werkstückformen als
die Automaten zu handhaben. Dabei erzielen sie mittlere Kommissionierleistungen. Durch "intelligentere" Greifer und dadurch erzielte Leistungssteigerung läßt sich ihr Einsatzgebiet
in Richtung höhere Flexibilität und Produktivität ausdehnen.

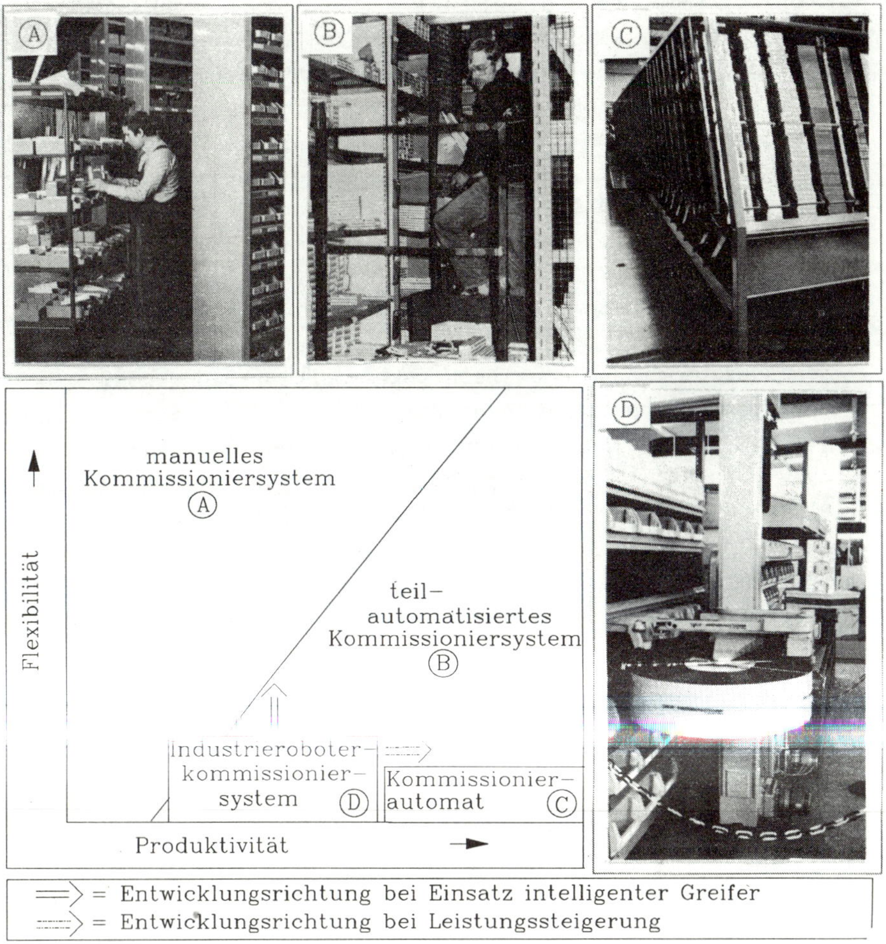
A
B
C
D
Flexibilität
manuelles Kommissioniersystem A
teil- automatisiertes Kommissioniersystem B
Industrieroboter-kommissionier-system D
Kommissionier-automat C
Produktivität
= Entwicklungsrichtung bei Einsatz intelligenter Greifer
= Entwicklungsrichtung bei Leistungssteigerung

Bild 4: Einsatzgebiet des Industrieroboter-Kommissioniersystems

2.2.2   Installierte Industrieroboter-Kommissioniersysteme

Bisher werden wenig Industrieroboter-Kommissioniersysteme
in der Industrie eingesetzt. Zur Kommissionierung von Elektronikbauteilen für die manuelle Leiterplattenbestückung setzt
Bosch das flexible Lager- und Kommissioniersystem LKS /25/
ein, das aus einem Lagerschrank mit Schubladen Behälter mit
Elektronikbauteilen zu Kommissionen zusammenstellt. Siemens
handhabt im System AKORD: Automatisierung im Kommissionierbereich mit Roboter und Datenverarbeitung /26, 27/ mit Elektronikbauteilen gefüllte Tüten, die ein Roboter in Regalfächern
zu Aufträgen kommissioniert. Das Modulare Handhabungssystem
MHS von Siemens /28, 29/ ist ein weiteres Industrieroboter-
Kommissioniersystem, das Kleinmengen elektronischer Bauteile
entsprechend der Auftragsnummer und Bestückposition in Stan-
genmagazine eines Magazinschrankes sortiert. Der Kommissionierroboter von Peter-Uhren /30, 31/ wird im Pharmagroßhan-
del zum Kommissionieren von Schachteln und Packungen bis zu
20 N eingesetzt. Ein Sauggreifer mit optischem Sensor entnimmt ungeordnete Werkstücke aus Fachregalen und bildet Kommissionen, siehe Bild 4, rechts unten. Für quaderförmige
Werkstücke bis zu 500 N stehen der schienenverfahrbare Roboter
"Romeo" von Möllers /32/ sowie Portal- und Kragarmroboter von
Jungheinrich /33, 34/ zur Verfügung, die mit Sauggreifern ohne
sensorische Unterstützung entsprechend den gespeicherten Geometriedaten des Leitrechners Palettier- und Kommissioniermu-
ster von Werkstücken bilden.

2.2.3   Kommissionierprogramme für Industrieroboter-Kommissio-
        niersysteme

Auf dem Markt befindliche Palettier- und Kommissionierprogramme /35, 36, 37/ sind in der Lage, einen Auftrag, bestehend
aus quaderförmigen Werkstücken mit unterschiedlichen Abmessungen in einem vorgegebenen Transportvolumen raumsparend anzu-
ordnen, indem verschiedene Werkstücke in unterschiedlichen
Palettiermustern verarbeitet und zu einem komplexen räumlichen
Ladeverbund zusammengefügt werden. Diese Programme erstellen
Lage- und Stapelmusterbilder, die dem Kommissionierer beim

manuellen Ablegen vorgegeben werden. Sie dienen zur Stau- und
Transportraumoptimierung von Logistikketten. Eine Aufbereitung
der Werkstückabmessungen und -positionen findet nicht statt,
um einen Industrieroboter ansteuern zu können. Für den Kommissionierroboter von Möller /32/ wurde hingegen ein Kommissionierprogramm entwickelt, das an den Roboter Sollpositio-
nen liefert. Da dieser Roboter vor allem bei schweren Werkstücken bis zu 500 N eingesetzt wird, die in der Regel schon
in einem bestimmten Palettiermuster lagern, wird jedes Werkstück einzeln gegriffen.

Viele quaderförmige Werkstücke lagern jedoch ohne komplizierte
Palettiermuster in Fachregalen. Parallel ausgerichtet sind
sie in mehreren Lagen gestapelt, ohne die Fachfläche optimal
auszunützen. Programme, die diese schon bestehende Ordnung
beim Kommissionieren ausnützen, gibt es nicht.

3 Anforderungen an ein Industrieroboter-Kommissioniersystem für quaderförmige Werkstücke

3.1 Analyse bisheriger Industrieroboter-Kommissioniersysteme

3.1.1 Handhabungskonzepte

Die heutigen Industrieroboter-Kommissioniersysteme sind überwiegend entweder ein Sammelsystem oder ein Beschicksystem siehe Bild 5, nur das Lager- und Kommissioniersystem (LKS) und die Jungheinrich-Konzeption stellen ein vollständiges Kommissioniersystem dar. Der Grund liegt hierfür in der Handhabungsproblematik. Ist das Werkstück ein definierter, immer gleichartiger Behälter, z. B. eine Europalette oder ein Lager-

	Systeme / Funktionen	Romeo	Peter-Uhren	Jungheinrich	MHS	AKORD	LKS
Beschicken	Annehmen	—	—	Behälter	Werkstück	Behälter	Behälter
Beschicken	Fortbewegen	—	—	mehrdimensional	mehrdimensional	mehrdimensional	mehrdimensional
Beschicken	Ablegen	—	—	+ geordnet	ungeordnet	ungeordnet	geordnet
Beschicken / Sammeln	Bereitstellen	statisch	statisch	statisch	statisch	statisch	statisch
Sammeln	Entnehmen	Werkstück	Werkstück	Werkstück	—	—	Werkstück
Sammeln	Fortbewegen	mehrdimensional	mehrdimensional	mehrdimensional	—	—	mehrdimensional
Sammeln	Abgeben	+ geordnet	ungeordnet	+ geordnet	—	—	geordnet

— außerhalb der Systemgrenze, bisher manuelle Tätigkeit
\+ nach rechnerinternem Abbild geordnet

Bild 5: Funktionsvergleich vorhandener Industrieroboter-Kommissioniersysteme .

behälter, lassen sich die Schnittstellen für einen Industrieroboter einfach gestalten und ein geordnetes Ablegen und Abgeben ist gewährleistet. Wird jedoch das Werkstück direkt gegriffen, ist eine aufwendige Sensorik zur Werkstückidentifizierung und Werkstücklageerkennung notwendig.

Ansätze in Richtung "intelligenter" Greifer sind beim Peter-Uhren-Kommissionierroboter verwirklicht, der eine Greiffläche an einem ungeordneten Werkstück erkennen kann, jedoch nicht seine Lage in Bezug zur Umwelt (Raumkoordinaten), so daß nur eine ungeordnete Ablage möglich ist. Ohne Sensorik muß man sich auf im Rechner des Industrieroboter-Kommissioniersystems abgelegte Geometriedaten der Werkstücke und der Palettiermuster verlassen, siehe Bild 6, die Sollgrößen darstellen und sich von den Istdaten durch die Toleranzen der Systemkomponenten wie Werkstücke, Paletten, Lagerregal, Industrieroboter unterscheiden.

Systeme / Kriterien	Romeo	Peter Uhren	Jung-heinrich	MHS	AKORD	LKS
Greifpositionsbestimmung über	Rechner-abbild	Sensorik	Rechner-abbild	Rechner-abbild	Rechner-abbild	Rechner-abbild
Greifertyp	Saug-greifer	Saug-greifer	Saug-greifer	Be-hälter	Zangen-greifer	Zangen-greifer
Werkstück	quader-förmige Schachteln	quader-förmige Schachteln	quader-förmige Schachteln	elektr. Bauteile / Schüttgut	Plastik-tüten mit elektr. Bauteile	Behälter mit Bauteilen
Werkstückgewicht — durchschnittl.	250 N	20 N	250 N	< 10 N	10 N	< 10 N
maximal	500 N	200 N	500 N	–	–	–
Werkstückanzahl pro Griff	1	1 – 3	1	n	1	1
– keine Angaben n unterschiedliche Anzahl (Schüttgut)						

Bild 6: Systemcharakterisierung vorhandener Industrieroboter-Kommissioniersysteme

Die einheitliche statische Bereitstellung (Roboter zur Ware)
der bisherigen Handhabungskonzepte und mehrdimensionale Fort-
bewegung nützen die Beweglichkeit des Industrieroboters durch
seinen Mehrachsenaufbau aus und ermöglichen Wegzeitersparnis
durch gleichzeitiges Entnehmen und Transportieren des Auftrags. Da die Vielfalt der Werkstücke mit einem Greifertyp
nicht zu handhaben ist, beschränken sich die Systeme auf
quaderförmige Werkstücke, die mittels Sauggreifer gegriffen
werden können. Durch getrennt steuerbare Sauger läßt sich die
Greiffläche an unterschiedliche Werkstückgrößen anpassen. Bei
definierten Behältern werden speziell angepaßte Greiferlösun-
gen, z. B. Zangengreifer, verwendet.

3.1.2 Leistungsvergleich

Die Werkstückgewichte und Kommissionierleistungen lassen sich
in zwei Klassen gliedern: Kleinteile, wie elektronische Bauteile oder Pharmaartikel, mit einem Gewicht bis ca. 20 N kommissionieren die Industrieroboter-Kommissioniersysteme zwischen 350
bis 480 Werkstücke pro Stunde. Bei den höheren Leistungen werden dabei mehrere Werkstücke gleichzeitig gegriffen.

Werkstücke mit größeren Gewichten bis zu 250 N, in Ausnahmen
bis 500 N, werden einzeln gegriffen und die Kommissionierleistung liegt ungefähr bei 240 Werkstücke pro Stunde. Diese Lei-
stungsangaben sind nur ungefähre Richtwerte, da die Systemlei-
stungen aufgrund unterschiedlicher Abmessungen, Verfahrwege,
Robotertypen etc. schwer miteinander zu vergleichen sind. Doch
lassen sich diese Werte größenordnungsmäßig mit manuellen
Kommissionierleistungen vergleichen.

Leistungsdaten manueller und teilautomatischer Kommissioniersysteme wurden schon von /24, 38, 90/ ermittelt, die von neue-
ren Untersuchungen /40/ bestätigt wurden. Der im Bild 7 darge-
stellte breite Streubereich der manuellen und teilautomatischen
Kommissionierleistungen ist auf unterschiedliche Kommissionier-
prinzipien und Werkstückspektren zurückzuführen. Die oberen
Leistungswerte der manuellen Kommissionierung werden vor allem
durch gleichzeitiges Greifen mehrerer Werkstücke erreicht.

System Werkstücke	Industrieroboter-kommissioniersystem	manuelles / teilautomatisiertes Kommissioniersystem
Mittel- oder Großteile	240 Werkstücke/h	80-360 Werkstücke/h
Kleinteile	350-480 Werkstücke/h	150-800 Werkstücke/h

Bild 7: Vergleich von Kommissionierleistungen

3.2 Analyse des Werkstückspektrums in Kommissioniersystemen

Pieper untersuchte 1982 unterschiedlichste Kommissioniersy-steme von 35 Firmen mit einem breiten Produktspektrum von Nahrungs- und Genußmitteln, Glasartikeln, pharmazeutischen Produkten, chemischen Erzeugnissen, Automobilzubehör, fotografischen Artikeln, technischen Ausrüstungsgegenständen, Bücher und Bekleidung /41/. Piepers Untersuchungen beziehen sich auf kommissionierte Positionen von Werkstücken und sie geben keine Zahlenangaben zur Stückzahl pro Position. Doch es lassen sich indirekt aus seinen Kennzahlen, durchschnittliche tägliche An-zahl der Positionen pro angesprochenem Werkstück und durch-schnittliches Gewicht pro Position, Rückschlüsse auf die Stück-zahl pro Position und auf das Werkstückgewicht ziehen.

Die erste Kennzahl gibt an, wieviele Positionen bei der arti-kelweisen Kommissionierung bei der Entnahme eines angesproche-nen Werkstückes zusammen entnommen werden können. Bei der ar-tikelweisen Kommissionierung werden alle Positionen einer Werk-stückart aus den verschiedenen Aufträgen des Tages gemeinsam entnommen, um Wegzeiten einzusparen. Erst in einer weiteren Kommissionierstufe werden diese Werkstücke auf die einzelnen Aufträge verteilt. Bild 8 zeigt, daß bei 70 Prozent der ange-sprochenen Werkstücke pro Tag bis zu 10 Positionen unter-schiedlicher Aufträge gleichzeitig entnommen werden können. Die schon große Anzahl Positionen pro Tag vervielfacht sich noch auf die tatsächliche Anzahl der entnommenen Werkstücke um die Anzahl Werkstücke pro Position, die Pieper jedoch nicht bestimmte.

Eigene Untersuchungen mit rechnerunterstützter Auswertung der Kommissionieraufträge während eines Jahres in einem Großhandelskommissionierlager für technische Ausrüstungsgegenstände ergab Spitzenwerte von 200 bis 300 Werkstücken pro Position. Der durchschnittliche Wert, der sich aus der Anzahl aller entnommenen Werkstücke pro Tag dividiert durch die Gesamtzahl der Positionen eines Tages errechnete, lag zwischen 4 und 10 Werkstücken pro Position.

Bild 8 zeigt außerdem in 87,8 Prozent aller von Pieper untersuchten Fälle ein niedriges Gewicht pro Position bis zu 200 N, was ein wesentlich geringeres Werkstückgewicht beinhaltet, so daß die Traglast eines Industrieroboters das Greifen mehrerer Werkstücke mit dem Mehrstückgriff zuläßt.

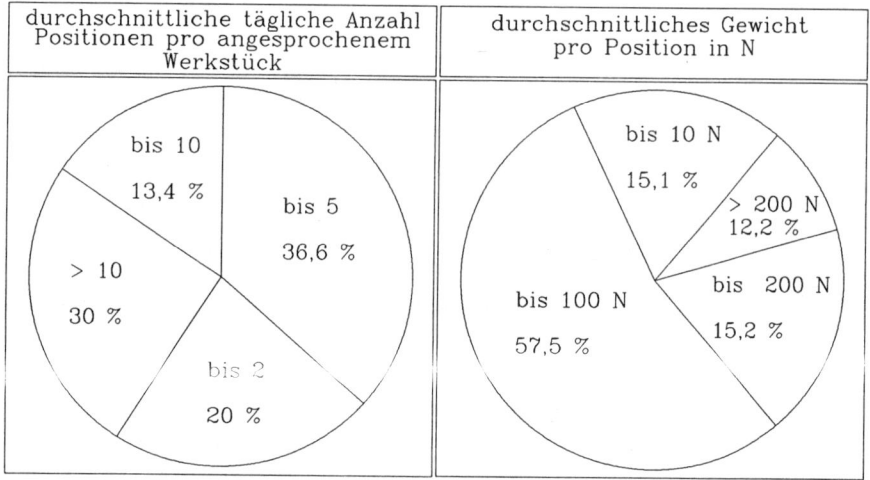

Bild 8: Durchschnittliche tägliche Anzahl Positionen pro angesprochenem Werkstück und durchschnittliches Gewicht pro Position bei 35 von Pieper /41/ untersuchten Kommissioniersystemen

Entsprechend detaillierte rechnerunterstützte Untersuchungen
der Werkstückformen und -verpackungen in diesem Großhandel bestätigten die Ergebnisse von Grobuntersuchungen bei 10 weiteren
Kommissionierlagern der pharmazeutischen und technischen Produktion: 50 bis 80 Prozent der Werkstücke sind quaderförmig oder
quaderförmig verpackt. Die genauere Untersuchung im Großhandelskommissionierlager von ca. 500 Werkstückarten wies, wie im
Bild 9 prozentual aufgeschlüsselt, eine gute Ausgangsbasis aus,
um die Werkstücke automatisch handhaben zu können.

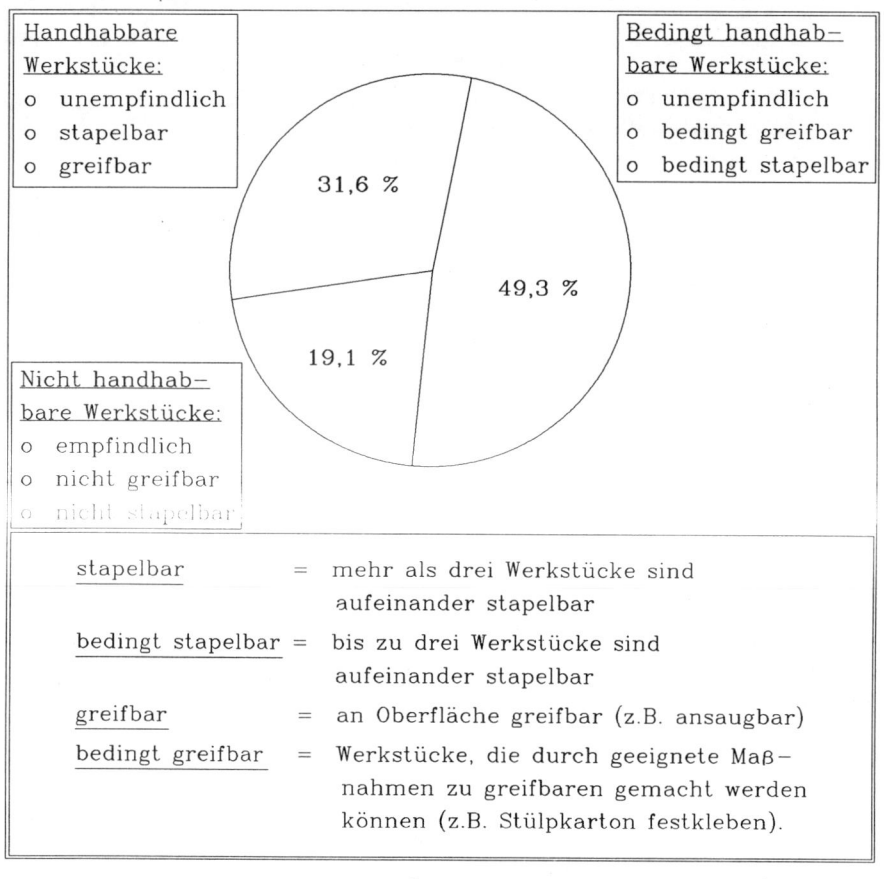

Bild 9: Handhabbarkeit des Werkstückspektrums des untersuchten Kommissionierlagers

3.3   Ableitung von Entwicklungsschwerpunkten

Die Analyse machte deutlich, daß nur wenige Industrieroboter-
Kommissioniersysteme, und diese überwiegend als teilautomati-
sche Systeme, in der Industrie eingesetzt werden. Ihre Leistung liegt erheblich unter der des manuellen Kommissionie-
rens. Ihr direkter Zugriff auf meist quaderförmige Werkstücke
erlaubt nur ein ungeordnetes Ablegen. Berücksichtigt man außerdem, daß in sehr vielen Kommissioniersystemen heute arti-
kelweise kommissioniert wird, und der Kommissionierer meistens
mehrere Werkstücke zusammen greift, wird deutlich, wie wichtig
ein solcher Mehrstückgriff für ein Industrieroboter-Kommissioniersystem ist, das leistungsmäßig mit dem manuellen Kommissionieren konkurrieren muß. Darüber hinaus wird die Tragkraft
heutiger Industrieroboter bei der Kommissionierung quaderförmiger Werkstücke mit kleinen Gewichten, die überwiegend in
großer Stückzahl pro Auftragsposition entnommen werden müssen,
nicht ausgenutzt.

Ziel der Entwicklung muß deshalb ein leistungstarkes, vollautomatisches Industrieroboter-Kommissioniersystem sein, das mit einem sensorunterstützten Greifer gleichzeitig mehrere Werkstücke
handhaben und Kommissionen aus geordneten Werkstücken bilden
kann. Die Entwicklungsaufgabe wird durch die Forderungen und
Wünsche des Pflichtenheftes für das Gesamtsystem in Bild 10
präzisiert. Wesentliche Teilaufgaben sind die Entwicklung des
Mehrstückgreifers und des Palettier- und Kommissionierprogrammes. In Versuchen mit einem einfachen Mehrstückgreifer
/42, 43/ konnten Erfahrungen beim gleichzeitigen Kommissionieren mehrerer Werkstücke gesammelt werden, die sich im
Pflichtenheft, Bild 11, zur Entwicklung des Mehrstückgreifers
niederschlugen. Die besonderen Anforderungen an das Palettier-
und Kommissionierprogramm stellt Bild 12 dar. Eine Software
nach den dort spezifizierten Forderungen und Wünschen über-
trägt gängige Systemtechnik in manuellen und teilautomatischen Kommissioniersystemen auf ein Industrieroboter-Kommissioniersystem und berücksichtigt zusätzlich die automatische
Handhabung durch den Industrieroboter.

Forderungen

- Automatische Beschickung und Entnahme
- Handhabung quaderförmiger Werkstücke unterschiedlicher Farbe, Abmessungen und Gewichte
- Greifen einzelner und mehrerer Werkstücke
- Störunanfällig gegen Toleranzen und Lageabweichungen der Werkstücke
- Geordnete Ablage der Werkstücke auf einer Palette oder in eine Kiste

Wünsche

- Handhabung von Werkstücken unterschiedlicher Formen
- Lagerprinzip: first in – first out
- Einfache Umstellung auf neue Werkstücke
- Hohe Kommissionierleistung
- Geringe Investitionskosten
- Hohe Zuverlässigkeit
- Raumsparende Lagerstrategie
- Zeitsparende Greifstrategie
- Geringe Betriebskosten

Bild 10: Pflichtenheft für das Industrieroboter-Kommissioniersystem

```
┌─────────────────────────────────────────────────────────────┐
│                                                               │
│   ┌─────────────────────────────────────────────────────┐   │
│   │                    Forderungen                        │   │
│   ├─────────────────────────────────────────────────────┤   │
│   │                                                       │   │
│   │  ● Greifen quaderförmiger Werkstücke unterschiedlicher│   │
│   │    Abmessungen und Gewichte                           │   │
│   │  ● Greifen einzelner oder mehrerer Werkstücke         │   │
│   │  ● Greifen in Regalfächer und Paletten oder Kisten    │   │
│   │    unterschiedlicher Größe                            │   │
│   │  ● Raumsparende, flache Bauweise für Regalfachzugriff │   │
│   │  ● Kollisionsvermeidende, schlanke Bauweise zum Ablegen│  │
│   │    auf Palette oder in Kiste                          │   │
│   │  ● Sensorik zur Lagebestimmung der Werkstücke         │   │
│   │  ● Korrekturmöglichkeit von Lageabweichungen der Werk-│   │
│   │    stücke                                             │   │
│   │  ● Störunanfällig gegen Werkstücktoleranzen           │   │
│   │                                                       │   │
│   └─────────────────────────────────────────────────────┘   │
│                                                               │
│   ┌─────────────────────────────────────────────────────┐   │
│   │                      Wünsche                          │   │
│   ├─────────────────────────────────────────────────────┤   │
│   │                                                       │   │
│   │  ● Greifen unterschiedlicher Werkstückformen          │   │
│   │  ● Lage- und Gewichtsbestimmung der Teile am Greifer  │   │
│   │  ● Greifer leicht wechselbar                          │   │
│   │  ● Kurze Greifzeit                                    │   │
│   │  ● Geringer Herstellaufwand                           │   │
│   │  ● Hohe Zuverlässigkeit                               │   │
│   │                                                       │   │
│   └─────────────────────────────────────────────────────┘   │
│                                                               │
└─────────────────────────────────────────────────────────────┘
```

Bild 11: Pflichtenheft für den Mehrstückgreifer

Forderungen

- Verarbeitung von Ein- und Auslagerungsaufträgen
- Verwaltung gelagerter Werkstücke
- Anpassbarkeit an unterschiedliche Regalfachkonfigurationen
- Variable Fach-, Werkstück-, Greifer- und Paletten- bzw. Kistenabmessungen
- Typenreine Lagerung geordneter Werkstücke je Fach
- Greifen einzelner oder mehrerer Werkstücke
- Geordnetes Ablegen auf der Palette oder Kiste
- Steuerung von Greiferfunktionen
- Verarbeitung von Sensorinformationen

Wünsche

- Lagerprinzip : first in   first out
- Minimierung der Greifbewegungen
- Wegoptimierung
- Kollisionsvermeidung
- Störungsanzeigen

Bild 12: Pflichtenheft für das Palettier- und Kommissionierprogramm

4   Greifstrategien für den Mehrstückgriff

Die Gestaltung der Komponenten eines Industrieroboter-Kommissioniersystems hängt wesentlich von seiner Greifstrategie
ab. Vor allem bei Anwendung des Mehrstückgriffs beeinflussen
sich Werkstück-, Lager-, Lagerfach-, Greifer- und Transport-
palettenabmessungen wechselseitig. Diese Abhängigkeiten müssen in der Greifstrategie eines Industrieroboter-Kommissioniersystems im Sinne einer hohen Kommissionierleistung opti-
miert werden.

**4.1   Auswirkungen des Mehrstückgriffs auf die
          Kommissionierleistung**

Die maximale Kommissionierleistung U_{kom}^{max} läßt sich nach Gudehus
/24/ errechnen zu:

$$U_{kom}^{max} = \frac{3600 \times N_{kom}}{\bar{t}_{gr} + \bar{t}_{tot} + \bar{t}_{bas} + \bar{t}_{weg}} \quad \text{in Pos/h}$$

mit N_{kom} = Anzahl Kommissionierer
$\bar{t}_{gr}$ = mittlere Greifzeit in s/Pos
$\bar{t}_{tot}$ = mittlere Totzeit   in s/Pos
$\bar{t}_{bas}$ = mittlere Basiszeit in s/Pos
$\bar{t}_{weg}$ = mittlere Wegzeit. in s/Pos
Pos   = Position

Es werden hier Mittelwerte genommen, da für die langzeitige
Kommissionierleistung nicht Einzelzeiten, sondern ihr Mit-
telwert über lange Zeiten maßgebend sind.

Bei einem automatischen Industrieroboter-Kommissioniersystem
geht im Vergleich zu manuellen Systemen die Basiszeit $\bar{t}_{bas}$
für Übergabevorgänge von Informationen, Belegen und Behälter gegen Null, wenn der Informations- und Materialfluß optimal ausgelegt ist. Die Totzeit $\bar{t}_{tot}$ beschränkt sich auf
Schalt- und Positionierzeitanteile; Such-, Schreib- und Le-

sezeiten fallen ganz weg. Die Wegzeit $\bar{t}_{weg}$ läßt sich durch
leistungsstarke Antriebstechnik beim Industrieroboter und
durch optimale Wegplanung verkürzen. Der entscheidende Nachteil eines Industrieroboter-Kommissioniersystems zu einem manuellen Kommissioniersystem liegt in der Greifzeit: Bei der
Entnahme einer Auftragsposition greift der Kommissionierer
möglichst mehrere Werkstücke gleichzeitig, d. h. die Greifzeit pro Position nimmt durch den Mehrstückgriff ab.

In einem Kommissionierbereich mit vergleichbarem Sortiment und
ähnlichen Entnahmebedingungen werden für eine stochastisch
ausgewählte Anzahl von M Entnahmen die Greifzeiten t_{gr}^{i} (= Ein-
zelgreifzeiten) gemessen. Die mittlere Greifzeit $\bar{t}_{gr}$ ist dann:

$$\bar{t}_{gr} = \frac{1}{M} \sum_{i=1}^{M} t_{gr}^{i} \text{ in s/Pos}$$

mit t_{gr}^{i} = Einzelgreifzeit in s/Pos
$M = \frac{ME}{ME_{g}}$
ME = Menge pro Position
ME_{g} = gemeinsam entnommene Menge (= Entnahmeeinheit).

Eine gemeinsam entnommene Menge von Werkstücken reduziert die
mittlere Greifzeit um den Faktor ME_{g}.

4.2 Strategiealternativen

Im Gegensatz zum Kommissionierer, der mit seinen anpassungs-
fähigen Händen unterschiedlichste Werkstücke greifen und sie
so im Fach ordnen kann, daß mehrere Werkstücke gleichzeitig
entnommen werden können, ist ein mechanischer Robotergreifer
nur zum Handhaben eines begrenzten Werkstückspektrums ver-
wendbar, z. B. für quaderförmige Werkstücke. Darüber hinaus
erfordert er einen geordneten Zustand der Werkstücke im Fach.
Doch selbst wenn diese Einengungen getroffen sind, kann ein
Greifer keine feste Anzahl von Werkstücken gleichzeitig entnehmen, denn je nach Anordnung, aktueller Stückzahl und Größe

der Werkstücke im Fach hat der Greifer eine unterschiedliche
Anzahl von Werkstücken im Greifbereich. Da die Zahl der zu entnehmenden Werkstücke ständig variiert, muß in einer optimalen
Strategie gegriffen werden, um mit möglichst wenigen Zugriffen
auszukommen. Hierbei ist der geordnete Zustand der Werkstücke
zu nützen und große Teile einer Lage sind zusammen zu entnehmen. Eine weitere wichtige Einschränkung für den automatischen
Mehrstückgriff ist die begrenzte Speicherkapazität des Rechners
des Industrieroboter-Kommissioniersystems. Bei einem großen
Lagerbestand kann der Rechner neben der Bestandsführung und
Lagerbewegungsüberwachung nicht die Lagekoordinaten eines je-
den Werkstückes verwalten. Hier muß eine festgelegte Strategie
für die Entnahme sicherstellen, daß durch das Abspeichern der
Abmessungen der Werkstückart und der Lagekoordinaten eines bestimmten Werkstückes das Lagemuster aller Werkstücke im Fach
eindeutig durch den Rechner ermittelt werden kann.

Das Bild 13 stellt Varianten von Greifstrategien dar, die unterschiedlich komplex ansteuerbare Mehrstückgreifer erfordern.
Alle drei Strategien, der spaltenweise, zeilenweise und wahlfreie Griff, gewährleisten, daß nach jedem Zugriff das Lagemuster des Faches durch die aktuelle Werkstückanzahl im Fach
eindeutig beschreibbar ist. Der Rechner kann die Koordinaten
jedes Werkstückes aus den Fach- und Werkstückabmessungen errechnen und aus der aktuellen Werkstückanzahl im Fach und der
jeweiligen Greifstrategie die Entnahmereihenfolge ermitteln.

Beim spaltenweisen Griff wird von vorne rechts spaltenweise
nach hinten links abgearbeitet. Bevor eine neue unvollständi-
ge Spalte entsteht, muß die benachbarte rechte Spalte vollständig entfernt sein. Es kann entweder eine angebrochene
Spalte abgearbeitet werden oder mehrere komplette Spalten können gemeinsam gegriffen werden. Eine angebrochene und eine
komplette Spalte ist nicht zusammen handhabbar, sondern muß in
zwei Greifbewegungen aufgeteilt werden.

Der zeilenweise Griff arbeitet ebenfalls von vorne rechts nach
hinten links, jedoch zeilenweise von vorne nach hinten. Eine

Strategien für Mehrstückgriff	Erlaubte Greifkombinationen

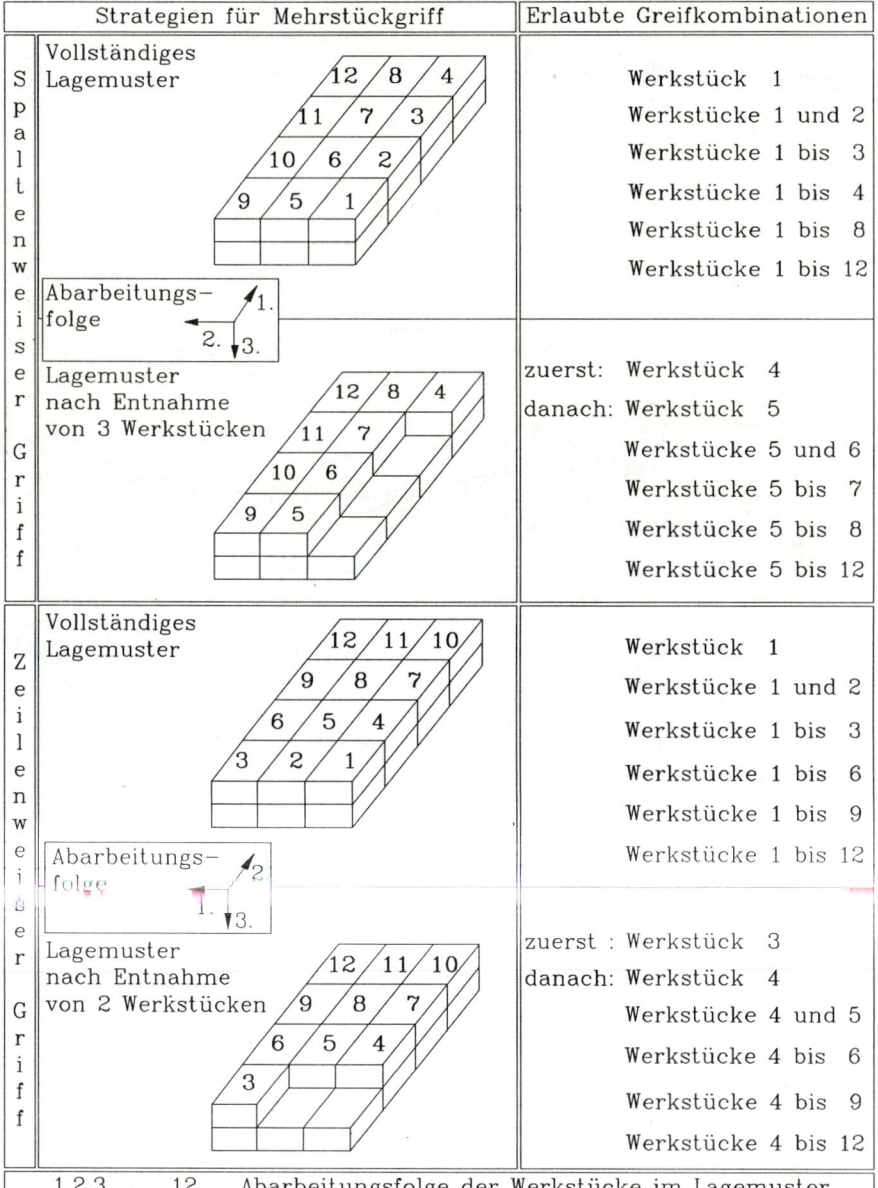

Spaltenweiser Griff

Vollständiges Lagemuster

Werkstück   1
Werkstücke 1 und 2
Werkstücke 1 bis 3
Werkstücke 1 bis 4
Werkstücke 1 bis 8
Werkstücke 1 bis 12

Abarbeitungs-folge

Lagemuster nach Entnahme von 3 Werkstücken

zuerst: Werkstück 4
danach: Werkstück 5
Werkstücke 5 und 6
Werkstücke 5 bis 7
Werkstücke 5 bis 8
Werkstücke 5 bis 12

Zeilenweiser Griff

Vollständiges Lagemuster

Werkstück   1
Werkstücke 1 und 2
Werkstücke 1 bis 3
Werkstücke 1 bis 6
Werkstücke 1 bis 9
Werkstücke 1 bis 12

Abarbeitungs-folge

Lagemuster nach Entnahme von 2 Werkstücken

zuerst : Werkstück 3
danach: Werkstück 4
Werkstücke 4 und 5
Werkstücke 4 bis 6
Werkstücke 4 bis 9
Werkstücke 4 bis 12

1,2,3 ... 12   Abarbeitungsfolge der Werkstücke im Lagemuster

Bild 13a: Greifstrategien für Mehrstückgriff am Beispiel von
Lagemuster mit 4 Zeilen x 3 Spalten im Fach
(spaltenweiser und zeilenweiser Griff)

Strategien für Mehrstückgriff	Erlaubte Greifkombinationen

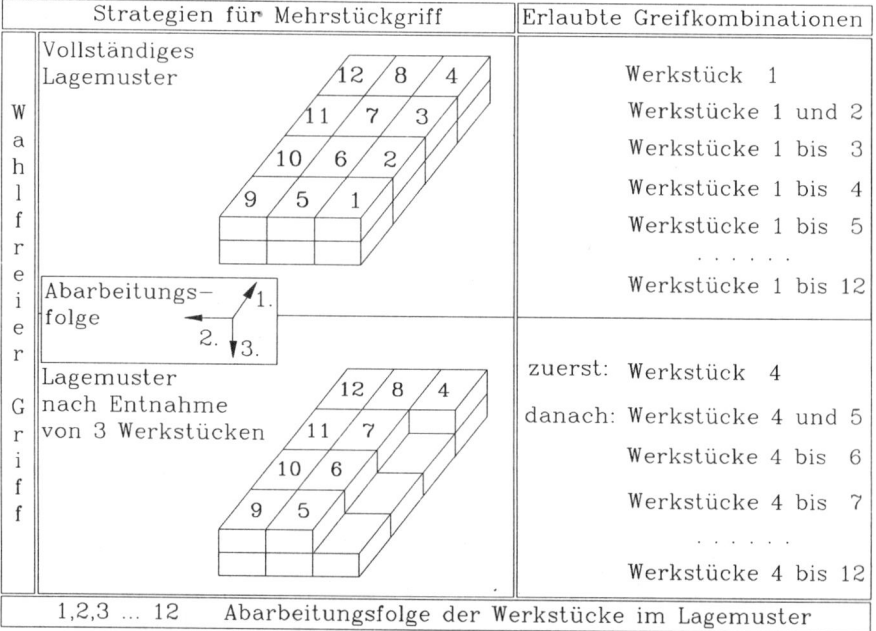

Vollständiges Lagemuster	Werkstück 1
	Werkstücke 1 und 2
	Werkstücke 1 bis 3
	Werkstücke 1 bis 4
	Werkstücke 1 bis 5
	· · · · · ·
Abarbeitungsfolge	Werkstücke 1 bis 12
Lagemuster nach Entnahme von 3 Werkstücken	zuerst: Werkstück 4
	danach: Werkstücke 4 und 5
	Werkstücke 4 bis 6
	Werkstücke 4 bis 7
	· · · · · ·
	Werkstücke 4 bis 12
1,2,3 ... 12 Abarbeitungsfolge der Werkstücke im Lagemuster	

Bild 13 b: Greifstrategien für Mehrstückgriff am Beispiel von Lagemuster mit 4 Zeilen x 3 Spalten im Fach (wahlfreier Griff)

hintere Zeile darf erst angebrochen werden, wenn die davor liegende Zeile leer ist. Eine angebrochene und eine komplette Zeile sind ebenso nicht gemeinsam handhabbar.

Der wahlfreie Zugriff kann Entnahmen in Zeilen und Spalten kombinieren, doch dürfen nach der Entnahme rechts von einer angebrochenen Spalte keine Werkstücke mehr liegen. Das gleichzeitige Greifen angebrochener und kompletter oder angebrochener Nachbarspalten ist erlaubt.

4.3   Untersuchung der Einflüsse auf die Kommissionier-
       leistung

4.3.1   Einflüsse der Werkstück-, Fach- und Greiferfläche

Quaderförmige Werkstücke, die eng nebeneinander in einem
Fach lagern und beim Kommissionieren auf einer Palette oder
in einem Behälter abgelegt werden müssen, lassen sich nur
von oben z. B. durch Ansaugen greifen. Deshalb sind für die
Betrachtung des Greifvorganges vor allem die Oberflächen-
größe des Werkstückes, die Fachflächengröße und die Grei-
ferflächengröße wichtig. Um aber unabhängig von konkreten
Abmessungen Aussagen über die beteiligten Flächen beim Greifvorgang treffen zu können, wird die Fläche des Lagemusters
der Werkstücke im Fach durch eine Matrixbeschreibung aus
Zeilen- und Spaltenanzahl charakterisiert, wobei die Zeilen m
parallel zur Fachbreite, die Spalten n parallel zur Fachtiefe
verlaufen. In dieser Flächenbeschreibung sind die Fach- und
Werkstückflächenverhältnisse indirekt enthalten, und die Greif-
flächenzuordnung erfolgt durch Angabe der gleichzeitig greif-
baren Zeilen und/oder Spalten.

4.3.1.1 Entnahme aus vollständigem Lagemuster

Dieser Untersuchung liegen folgende Annahmen zugrunde:

- Bei Entnahmebeginn ist die oberste Werkstücklage im Fach
  vollständig.
- Die Greiferfläche ist gleich der Fachfläche.
- Die Werkstücke werden beim Kommissionieren nicht in einem
  Palettiermuster abgelegt.

Bild 14 zeigt für die drei Strategien spaltenweiser, zeilenweiser und wahlfreier Zugriff die Anzahl der Zugriffe
für eine bestimmte Anzahl zu entnehmender Werkstücke.

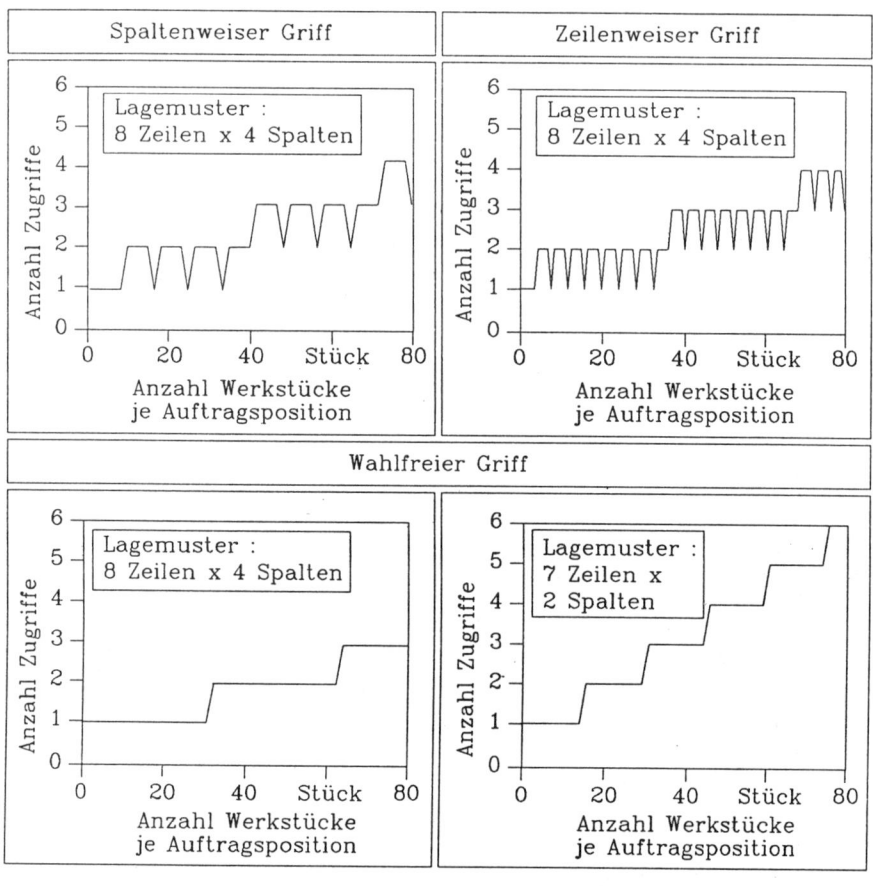

<u>Bild</u> 14: Anzahl der Zugriffe für die drei Greifstrategien bei
Lagemuster 8 x 4 und 7 x 2

Beispielhaft sind hier Lagemuster von 8 Zeilen x 4 Spalten
und 7 Zeilen x 2 Spalten dargestellt. Mit steigender Anzahl
zu entnehmender Werkstücke nehmen die Zugriffe muster- und
strategieabhängig treppenförmig zu, wobei nur ganze Zahlen
sinnvoll sind. Die sich wiederholenden treppenartigen Kurven-
abschnitte sind jeweils um einen Zugriff nach oben versetzt,
da die Anzahl der zu entnehmenden Werkstücke nur dann eine
Steigerung der Zugriffe zur Folge hat, wenn die Werkstückanzahl einer ganzen Lage überschritten ist. Die Untersuchungen
vieler Lagemuster bestätigten die auch aus <u>Bild</u> 14 ableitbaren

Aussagen: Die Steigung der treppenartigen Kurven ist umso fla-
cher, d. h. es werden umso weniger Zugriffe erforderlich, je
mehr Werkstücke in einer Lage Platz finden. Außerdem ist es
für kleine zu entnehmende Stückzahlen bis zur Größe einer Lage
günstig, bei einem Lagemuster mit hoher Zeilenzahl den zeilenweisen und bei einem Lagemuster mit hoher Spaltenzahl den spaltenweisen Griff anzuwenden.

Um die Anzahl der Zugriffe bei den drei Strategien besser
bei großen und kleinen Entnahmemengen vergleichen zu können,
werden die Zugriffe bei der Entnahme von 1 bis 100 Werkstücken
bzw. von 1 bis 20 Werkstücken musterabhängig aufsummiert. Das
Bild 15, das beispielhaft für wenige Lagemuster die erforderlichen Zugriffe bei den drei Strategien zeigt, verdeutlicht,
was die Untersuchung zahlreicher Lagemuster ergab: Der spaltenweise und zeilenweise Griff führen zu sehr ähnlichen Er-
gebnissen, falls die Anzahl der Zeilen und die Anzahl der
Spalten nicht stark voneinander abweichen. Ist die Zeilenanzahl wesentlich größer als die Spaltenanzahl, ist der spaltenweise Griff zu bevorzugen, überwiegt die Spaltenanzahl, ist
der zeilenweise Griff günstiger. Über das gesamte Entnahme-
spektrum von 1 bis 100 Werkstücken bzw. von 1 bis 20 Werkstücken gleichen sich die Vor- und Nachteile dieser beiden
Strategien aus. Die kleinste Anzahl Zugriffe ist erwartungs-
gemäß mit dem wahlfreien Griff zu erzielen. Er bringt gegenüber den beiden anderen Strategien eine Zugriffseinsparung
bis zu ca. 30 Prozent. Doch liegen die drei Strategien, abso-
lut betrachtet zum Einzelstückgriff, der bei Aufsummierung der
Entnahme von 1 bis 100 Werkstücken 5050 Zugriffe und bei Aufsummierung der Entnahme von 1 bis 20 Werkstücken 210 Zugriffe
erfordert, eng beieinander. So betragen bei den aufsummierten
100 Werkstückentnahmen die Einsparungen bei den Zugriffen je
nach Lagemuster 45 bis 97 Prozent und bei den aufsummierten 20
Werkstückentnahmen 82 bis 91 Prozent.

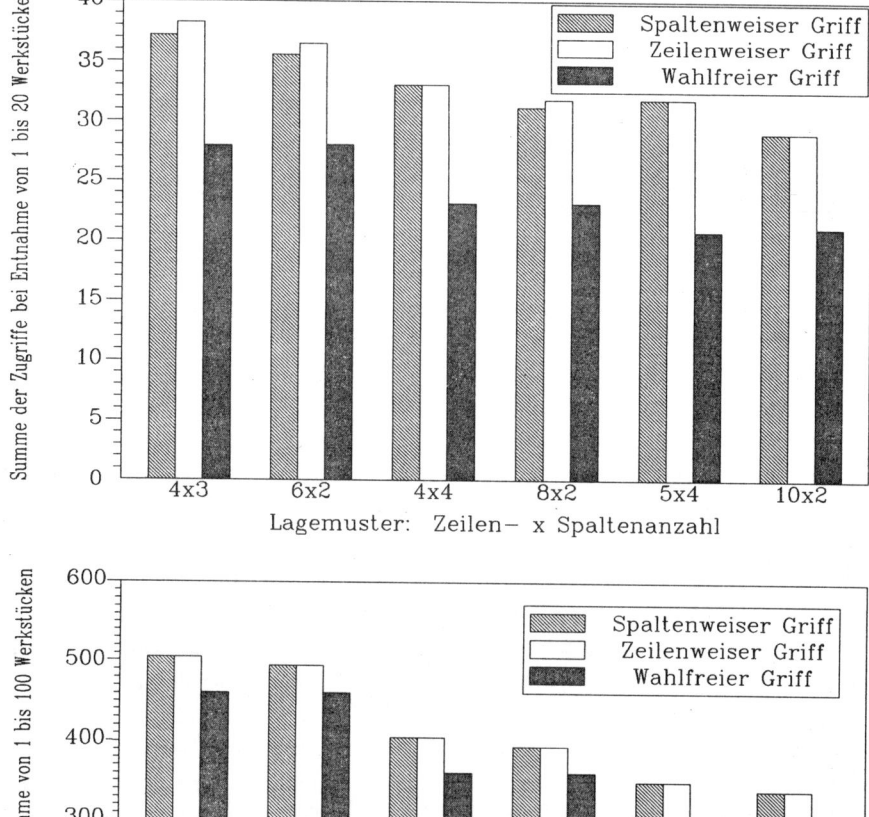

Bild 15 : Anzahl der Zugriffe für die drei Strategien für
unterschiedliche Lagemuster

4.3.1.2 <u>Entnahme aus angebrochenem Lagemuster</u>

Die Entnahme aus angebrochenen Lagemustern bei gleich großer
Greiferfläche wie Fachfläche zeigt, wie in <u>Bild</u> 16 dargestellt, einen ähnlichen Verlauf wie in <u>Bild</u> 14. Die Zugriffe
nehmen in treppenförmig steigenden Abschnitten je um einen
Zugriff zu. Die Länge der Abschnitte entspricht der Anzahl
Werkstücke pro Lage. Nur der erste Teil der Kurve unterschei-
det sich von den übrigen Abschnitten, da durch die angebrochene Lage hier andere Greifbedingungen vorliegen.

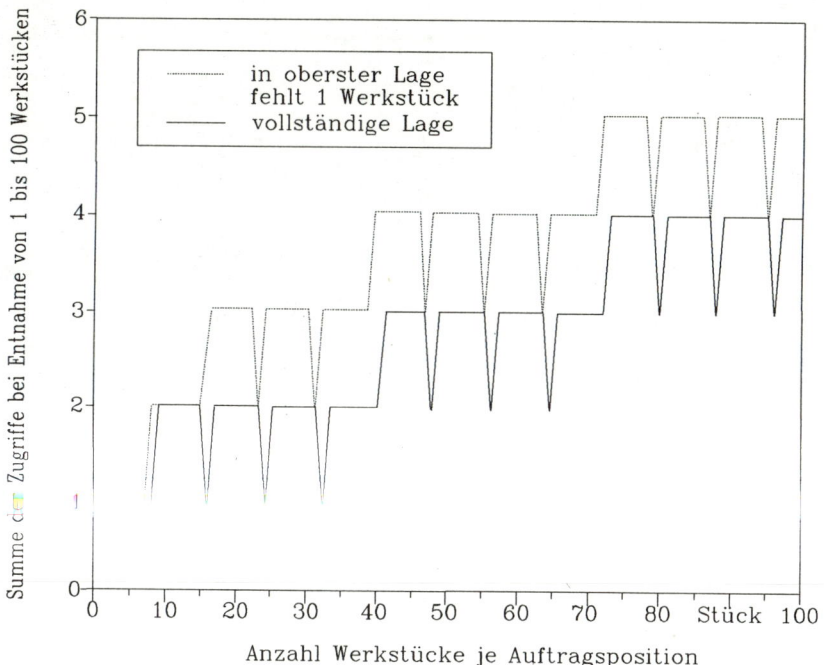

<u>Bild</u> 16 : Anzahl der Zugriffe für ein unvollständiges La-
gemuster 8 Zeilen x 4 Spalten (1 Werkstück fehlt)
für den spaltenweisen Griff

Die Untersuchung der Zugriffe für die drei Strategien bei
vielen Lagemustern ergab bei einer absoluten Zunahme der
Zugriffe dieselben Aussagen wie bei der vollständigen Lage:

Der spalten- und der zeilenweise Zugriff erfordern ungefähr
gleich viele Zugriffe, der wahlfreie Zugriff ist am günstigsten.

Betrachtet man die drei Strategien im Vergleich zum Einzel-
stückgriff, so zeigt <u>Bild</u> 17, wie die Zugriffe mit zunehmender
Werkstückanzahl pro Lage (gleich dem Produkt aus Zeilen und
Spalten), d.h. mit kleinerer Werkstückfläche, abnehmen.

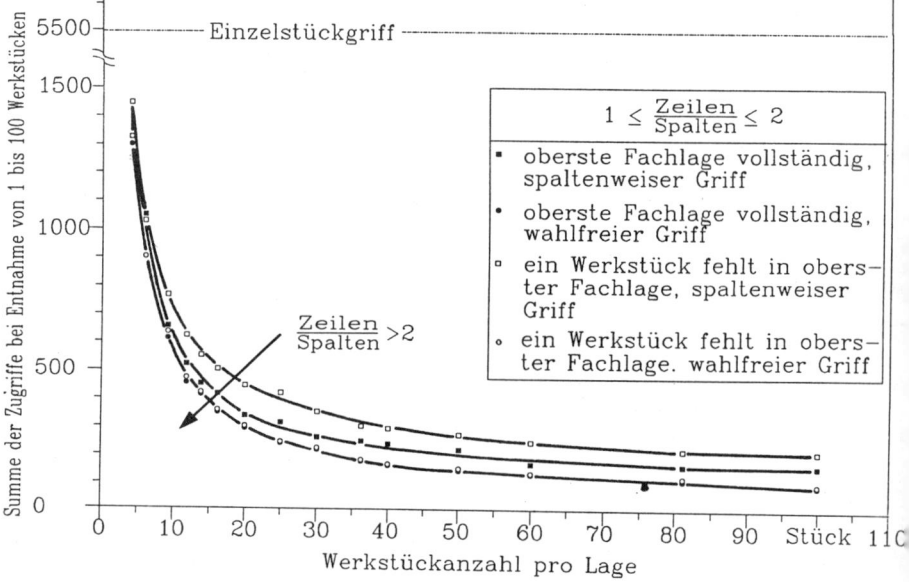

Bild 17 : Abhängigkeit der Zugriffe von der Werkstückanzahl
          pro Lage

Die Zugriffe nehmen vor allem bei bis zu 10 Werkstücken pro
Lage überproportional ab. Die Zugriffseinsparungen der unterschiedlichen Greifstrategien unterscheiden sich kaum, wenn man
sie im Vergleich zum Einzelstückgriff betrachtet. Die folgenden Untersuchungen beschränken sich deshalb auf den spaltenweisen Griff.

4.3.1.3 Entnahme bei kleinerer Greiferfläche als Fachfläche

Für den spaltenweisen Griff wurde bei konstanter Greiferlänge
die Greiferbreite variiert. Um unabhängig von Abmessungen zu
sein, wird unter Greiferbreite die Spaltenanzahl von Werkstücken verstanden, die der Greifer gleichzeitig aufnehmen
kann. Wie Bild 18 zeigt, ist die Zahl der Zugriffe auf eine
vollständige Lage für einen Greifer mit einer Breite von einer
Spalte des Lagemusters am höchsten. Eine Verbreiterung des
Greifers auf zwei Spalten ergab eine Zugriffseinsparung auf 30
bis 49 Prozent je nach Lagemuster,da einerseits die Greiferkapazität verdoppelt wurde und andererseits bei einer relativ

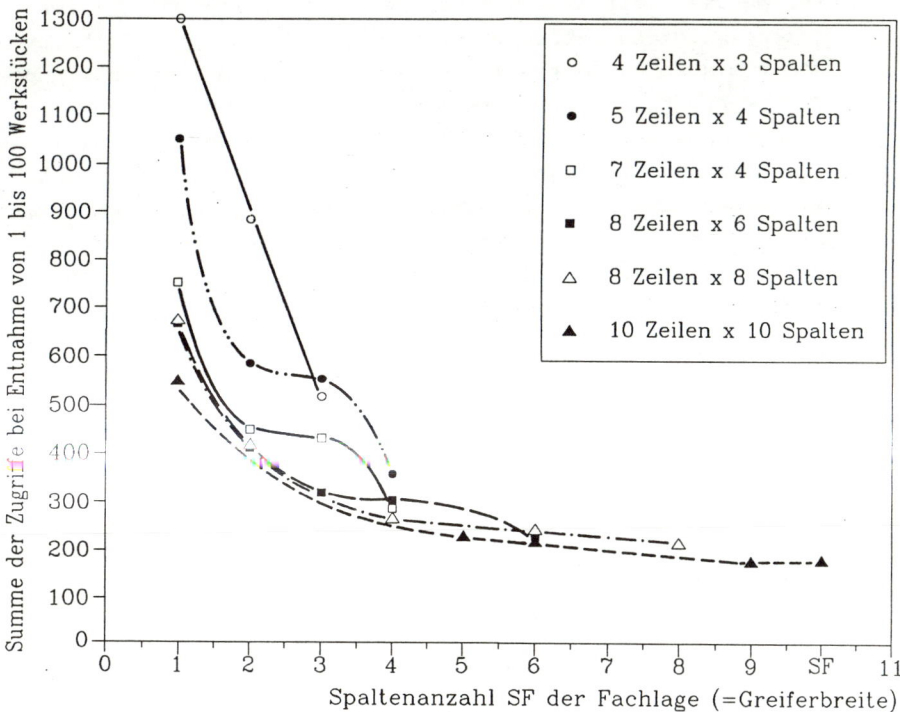

Spaltenanzahl SF	Greiferverbreiterung von	Zugriffseinsparung in %
1 < SF ≤ 10	1 Spalte auf 2 Spalten 2 Spalten auf 3 Spalten	30 – 49 3 – 25
SF ≤ 5 5 < SF ≤ 10	3 Spalten auf Fachbreite	30 – 45 < 3

Bild 18: Einfluß der Greiferbreite auf die Anzahl der Zugriffe

kleinen Greiferbreite zur Lagemusterbreite der Greifer oft
ausgenutzt werden konnte. Eine weitere Verbreiterung, z. B.
auf 4 oder mehr Spalten, bringt nur eine geringe Leistungssteigerung von bis zu 3 Prozent. Erst wenn die Greiferbreite
der Fachbreite entspricht, z. B. bei einem Lagemuster von
5 Zeilen x 4 Spalten für eine Greiferbreite von 4 Spalten, ist
die Zugriffseinsparung bei einer Werkstückanzahl pro Lage
kleiner 30 Werkstücke wieder auffallend. Jedoch bei Werkstück-
anzahlen größer 30 Werkstücke pro Lage ist dieser Effekt der
Greiferverbreiterung mit einer Zugriffseinsparung von 3 Prozent vernachlässigbar klein. Zusammenfassend ist festzuhal-
ten, daß die wesentlichen Zugriffseinsparungen durch Verbreiterung des Greifers von einer Werkstückspalte auf zwei erreicht wird. Andererseits ergaben Untersuchungen von Lagemustern bis zu 10 Zeilen x 10 Spalten, daß eine Verringerung der
Greiferbreite von der vollen auf die halbe Fachbreite eine
Steigerung der Zugriffe um 120 bis 190 Prozent zur Folge hat.
Die hohen Steigerungen werden hierbei von Lagemustern mit
kleiner Spaltenzahl erreicht. So ist eine Greiferbreite von
halber Fachbreite, die aber mindestens zwei Werkstückspalten
greifen sollte, ein guter Kompromiß, wenn ein Greifer mit
Fachbreite nicht einsetzbar ist.

4.3.2 Einflüsse des Ablagemusters

Werden beim Kommissionieren die Werkstücke in einem Ablage-
muster auf einer Palette oder in einem Behälter abgelegt,
nimmt die Zahl der Zugriffe zu, da der Greifer evtl. nur die
Teile des Lagemusters entnehmen kann, die gerade noch auf die
Palette passen. Dies kommt besonders häufig vor, wenn die
Werkstücke in einem bestimmten Verbund aus Gründen der Raum-
ausnutzung oder der Ladungsstabilisierung abgelegt werden.
Für den spaltenweisen Griff wurden häufige Ablagemuster und
Ablageflächen laut DIN 55510 /44/ unter folgenden Annahmen
untersucht:
- Die Werkstücke werden in der Anordnung aus dem Fach ent-
  nommen, in der sie auch abgelegt werden können, d. h. eine
  Zwischenablage mit Umgreifen wird nicht betrachtet.

- Die Fachtiefe ist gleich der Greiferlänge, die Fachbreite ist ein ganzzahliges Vielfaches der Greiferbreite.
- Störkanten, wie z.B. benachbarte beladene Paletten oder Behälterwände, sind nicht berücksichtigt.
- Die Strategie des spaltenweisen Griffs wird in der Weise verbessert, daß zwischen den einzelnen Zugriffen bei der Entnahme für eine Position beliebige Lagezustände erlaubt sind, doch nach Abschluß der Entnahme einer Position darf rechts einer angebrochenen Spalte kein Werkstück liegen. So können im <u>Bild</u> 19 die kompletten Spalten des Lagemusters angebrochen werden, bevor die rechte Spalte abgearbeitet ist.

<u>Bild</u> 19 zeigt das Lagemuster eines Faches der Größe 1200 x 400 mm mit Werkstücken der Fläche 600 x 100 mm. Ein Greifer der Fläche 1200 x 400 mm soll nun die Palette 800 x 1200 mm nach nebenstehendem Ablagemuster beladen. Der spaltenweise Griff benötigt hier 16 Zugriffe in das Fach. Wird der verbes-

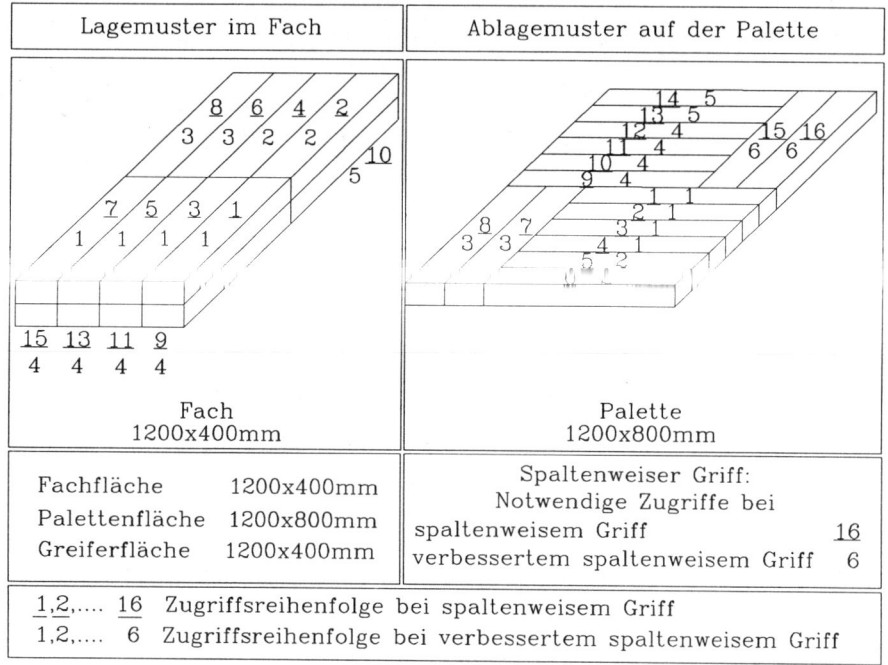

Lagemuster im Fach	Ablagemuster auf der Palette
Fach 1200x400mm	Palette 1200x800mm

Fachfläche	1200x400mm
Palettenfläche	1200x800mm
Greiferfläche	1200x400mm

Spaltenweiser Griff:
Notwendige Zugriffe bei

spaltenweisem Griff	16
verbessertem spaltenweisem Griff	6

1,2,.... 16 Zugriffsreihenfolge bei spaltenweisem Griff
1,2,.... 6 Zugriffsreihenfolge bei verbessertem spaltenweisem Griff

<u>Bild</u> 19 : Lagemuster im Fach und Ablagemuster auf der Palette
für ein Werkstück der Fläche 600 x 100 mm.

serte spaltenweise Griff angewandt, können zunächst die Werkstücke 1, 3, 5, 7, anschließend die Werkstücke 2, 4 und 6, 8
mit jeweils einem Griff entnommen werden. Das Ablagemuster ist
folglich mit 6 Zugriffen erzeugbar. Die Untersuchung ergab für
die im Verbund abgelegten Werkstücke einen Mehraufwand bei den
Zugriffen von 50 bis 200 Prozent. Je größer die Greiferfläche
im Verhältnis zur Werkstückfläche ist, desto größer ist die
nicht nutzbare Transportkapazität des Greifers, wenn kleine
gleich orientierte Werkstückgruppen gemeinsam gegriffen werden
müssen. Aus Sicht eines effektiven Greifvorganges ist daher
möglichst nicht im Verbund abzulegen. Wenn dennoch dies notwendig ist, sollte die Transportkapazität des Greifers ausge-
schöpft werden, indem Fach- und Greiferbreiten bzw. Fach- und
Greiferlängen gleich oder möglichst in ganzzahligem Verhältnis
zueinander stehen. Eine Anpassung an den Flächenmodul 600 x
400 mm ist empfehlenswert, da dieser in ganzzahligem Verhältnis zu den gängigen Transportpalettengrößen ist.

4.3.3 Einflüsse der Auftragsstruktur

Um die Abhängigkeit des Mehrstückgriffs von der Struktur
der Aufträge zu untersuchen, wurden die Kommissionieraufträge eines Jahres in einem Großhandelslager mit sehr großem
Anteil quaderförmiger Werkstücke (80 Prozent) analysiert und
sowohl die Anzahl der Positionen pro Auftrag, als auch die
Stückzahl pro Position in repräsentative Klassen eingeteilt.
Um vergleichbare Ergebnisse zu bekommen, wurde anschließend
mit einem hierzu entwickelten Simulationsprogramm ein Indu-
strieroboterkommissioniersystem konfiguriert. Dabei wurden
einheitliche Fächer von 1000 mm Breite, 400 mm Höhe und Tiefe,
die sich in einer 4 m langen und 2 m hohen Regalfront befan-
den, mit Werkstücken mit 200 mm Länge und 100 mm Höhe und
Breite belegt. Die Greiferbreite war variabel, so daß 1 bis
10 Werkstücke pro Griff entnommen werden konnten. Für die Aufträge, die strukturiert waren nach den ermittelten repräsenta-
tiven Klassen, wurden die Kommissionierzeiten als Summe der

Greif-, Tot-, Basis- und Wegzeit, in Abhängigkeit vom Mehrstückgriff ermittelt. <u>Bild</u> 20 stellt die Simulationsergebnisse
zusammengefaßt dar.

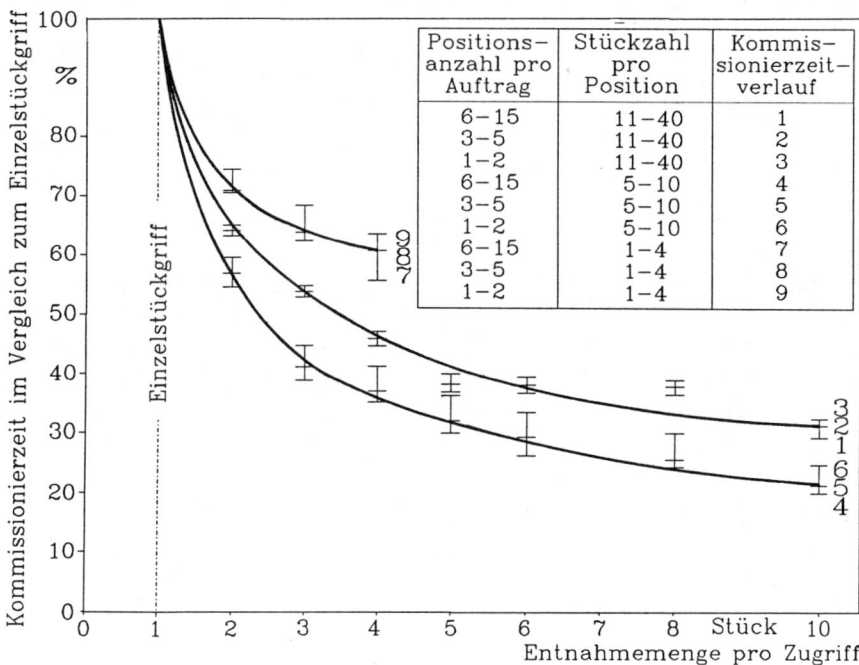

Positions-anzahl pro Auftrag	Stückzahl pro Position	Kommis-sionierzeit-verlauf
6-15	11-40	1
3-5	11-40	2
1-2	11-40	3
6-15	5-10	4
3-5	5-10	5
1-2	5-10	6
6-15	1-4	7
3-5	1-4	8
1-2	1-4	9

<u>Bild</u> 20 : Kommissionierzeitverlauf bei Mehrstückgriff in
Abhängigkeit von der Auftragsstruktur

Die Kommissionierzeit reduziert sich beim Mehrstückgriff vor
allem mit zunehmender Stückzahl pro Position. Die Kurvenscha-
ren 7 bis 9 und 1 bis 3 machen dies deutlich. Dieser primären
Kommissionierzeitreduzierung ist eine sekundäre Reduzierung
durch die zunehmende Anzahl der Positionen innerhalb der Kur-
venscharen überlagert. Die Kurvenschar 4 bis 6 hat dagegen
eine überproportionale Kommissonierzeiteinsparung. Hier kommt
der Effekt zum Tragen, daß Greifer-, Werkstück-, Fach- und
Palettengröße und Auftragsstruktur optimal aufeinander ab-
gestimmt sind. Eine Einsparung von über 80 Prozent ist nur
dadurch zu erreichen, daß Fach- und Palettenfläche gleich sind
und auch der Greifer fähig ist, die gesamte Anzahl auf einmal
zu greifen.

5 Entwicklung eines Palettier- und Kommissionierprogrammes für den Mehrstückgriff

5.1 Realisierte Greifstrategien

Die vorangehenden Untersuchungen zeigen, daß der wahlfreie Griff die wenigsten Zugriffe auf die verschiedenen Lagemuster im Fach erforderte, da diese Greifstrategie die meisten Kombinationen flächig nebeneinander liegender Werkstücke greifen kann. Bei der Bildung von Ablagemustern auf einer Palette müssen jedoch einerseits komplette Lagen oder Teile von Lagen gleichzeitig gegriffener Werkstücke lückenlos aneinanderpassen und andererseits sollte die Greiferkapazität möglichst oft voll ausgenutzt werden. Hier bietet sich an, gleichzeitig gegriffene Teile von Lagen in rechteckiger Form zu verarbeiten. Diese sollen im folgenden als Lagematrizen bezeichnet werden.

Das entwickelte Palettier- und Kommissionierprogramm verwendet deshalb für den größten Teil des Lagemusters die Greifstrategie des wahlfreien Griffs. Mit dieser Strategie werden alle die Werkstücke einer Lage gegriffen, die zu einer Lagematrix gehören. Daneben werden einzelne Werkstücke, die keine Lagematrix bilden mit dem zeilenweisen Griff abgearbeitet. Auch bei dieser Kombination der beiden Greifstrategien ist es möglich, nach Entnahme der geforderten Werkstückanzahl das Lagemuster durch die aktuelle Werkstückanzahl des Fachs eindeutig zu beschreiben. Im Fach müssen hierzu alle Werkstücke linksbündig lagern und die Lagemuster müssen die Fachrückwand berühren. Nach Abschluß der Entnahme müssen vor einer angebrochenen Zeile alle Zeilen des Lagemusters leer sein und die Werkstücke der angebrochenen Zeile müssen ebenfalls linksbündig in der Zeile liegen. Bild 21 zeigt Lagemuster in Fächern entsprechend der programmierten Greifstrategie.

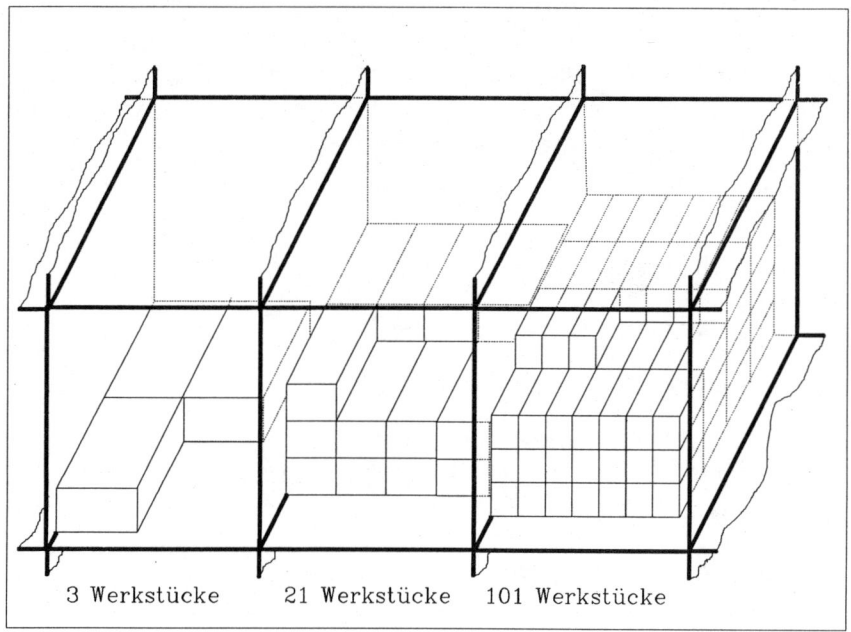

3 Werkstücke   21 Werkstücke   101 Werkstücke

Bild 21: Lagemuster von Fächern nach der entwickelten
Greifstrategie

5.2 Beschreibungsvereinbarungen

5.2.1 Beschreibung der Fachbelegung

Die aktuelle Werkstückanzahl jedes Faches beschreibt eindeutig das Lagemuster. Mittels der Werkstück- und Fachabmes-
sungen läßt sich auf Grundlage der festgelegten Greifstrategie
die Position jedes Werkstückes errechnen. Um aber die Lagen
der Fachbelegung im Programm in Lagematrizen und einzelne
Werkstücke aufteilen und optimale Greiffolgen errechnen zu
können, werden neben der Zeilenanzahl im Fach ZF, der Spaltenanzahl SF und der Lagenanzahl LF die Anzahl vollständiger
Zeilen ZFV und die Anzahl der Werkstücke in einer unvollständigen Zeile ZFK angegeben, siehe **Bild** 22.

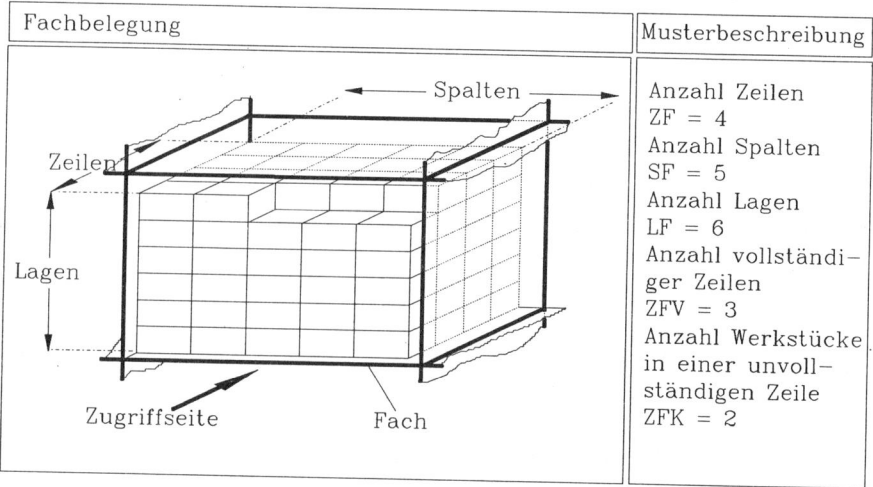

Fachbelegung	Musterbeschreibung
Spalten, Zeilen, Lagen, Zugriffseite, Fach	Anzahl Zeilen ZF = 4 Anzahl Spalten SF = 5 Anzahl Lagen LF = 6 Anzahl vollständiger Zeilen ZFV = 3 Anzahl Werkstücke in einer unvollständigen Zeile ZFK = 2

Bild 22: Lagemusterbeschreibung im Fach

5.2.2 Beschreibung der Palettenbelegung

Die auf die Palette oder in einen Behälter kommissionierten
Werkstücke bilden, wie in Bild 23 dargestellt, die Palettenbelegung, die aus mehreren Stapelebenen besteht. Die Palettenfläche ist die unterste Stapelebene, die voll zur Belegung
ausgenutzt werden kann. In den nächst höheren Stapelebenen
kann vereinbarungsgemäß immer nur diejenige rechteckige Fläche
als Belegungsfläche genommen werden, die durch die darunter-
liegenden Werkstücke gebildet wird. Die Belegungsfläche kann
folglich mit zunehmendem Stapel kleiner werden. Jede Belegungsfläche kann durch eine oder mehrere Werkstückarten belegt
werden, die jeweils ein Ablagemuster bilden. Die gleichartigen
Werkstücke in einem Ablagemuster sind entweder quer zur läng-
sten Seite der Palette (Querablage) oder parallel zur läng-
sten Seite der Palette (Parallelablage) ausgerichtet. Diese
beiden Ablagearten lassen sich auch kombinieren. Der Teil eines Ablagemusters, der in der gleichen Ablageart einen recht-
eckigen Teil eines Ablagemusters bildet, wird als Ablagema-
trize bezeichnet.

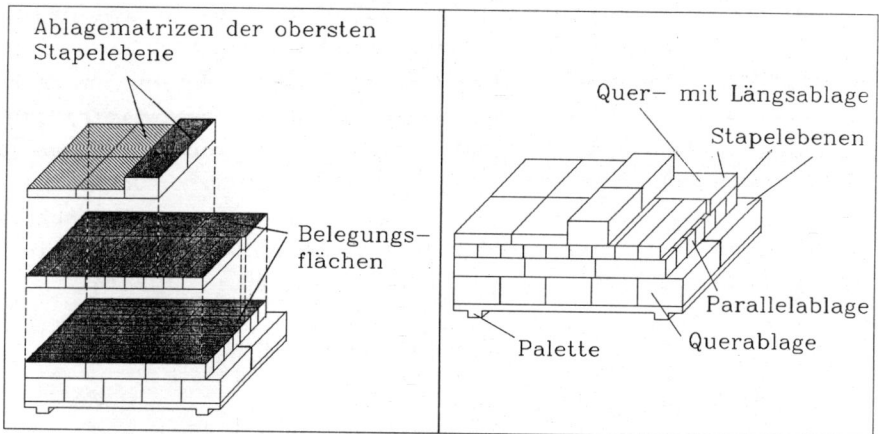

Bild 23: Palettenbelegung mit Ablagemustern unterschiedlicher
Werkstückarten, die sich aus Ablagematrizen nach der
Parallel- oder Querablage bilden.

5.3   Kommissionierablauf

Im Dispositions- bzw. Lagerrechner werden eingehende Bestel-
lungen gesammelt und mit dem Lagerbestand verglichen. Sind
alle Positionen eines Auftrags verfügbar, wird der Auftrag zur
Kommissionierung freigegeben. Die Reihenfolge der Positionen
des Kommissionierauftrages ist zufällig durch den Besteller
vorgegeben.

Das Kommissionierprogramm sortiert nun im ersten Schritt,
siehe **Bild** 24, die Positionen, d.h. Werkstückarten, nach deren
Gesamtgrundfläche. Diese setzt sich aus der Werkstückfläche
mal der Anzahl der bestellten Werkstücke zusammen. Nach der
Sortierung liegt ein nach abnehmender Gesamtgrundfläche je
Werkstückart geordneter Kommissionierauftrag vor.

Im zweiten Schritt wird die Belegung für die aktuellen Belegungsflächen einer Stapelebene ermittelt. Die Belegungsflächen
werden von der untersten Stapelebene, der Palettenfläche, be-
ginnend nach oben schrittweise errechnet und dabei die Werkstücke mit der größten Gesamtgrundfläche nacheinander abgelegt.

Während des Programmlaufs muß nach jeder abgeschlossenen Belegungsermittlung der Kommissionierauftrag neu sortiert werden. Hierbei wird die Gesamtgrundfläche derjeniger Werkstücke neu berechnet, von denen nicht alle bestellten Werkstücke bei dieser Belegung berücksichtigt werden konnten. Sind dagegen alle bestellten Werkstücke dieser Werkstückart bei der Belegung berücksichtigt worden, wird diese Werkstückart aus dem Kommissionierauftrag gestrichen. Dadurch verkleinert sich der zu sortierende Kommissionierauftrag ständig.

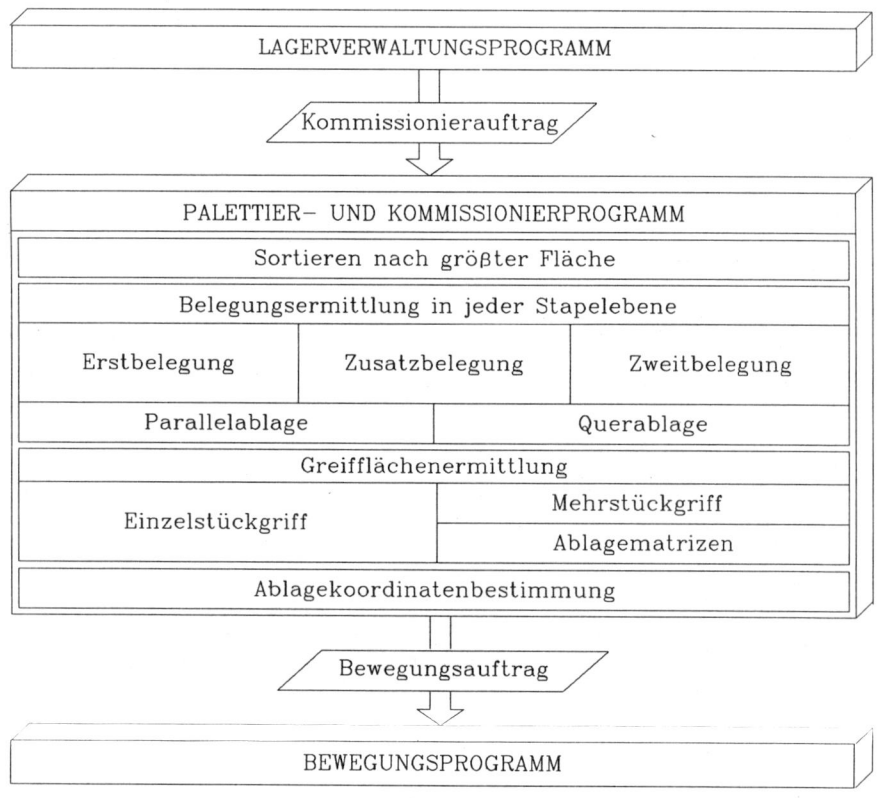

Bild 24: Bausteine des Palettier- und Kommissionierprogrammes

Die Belegung der Belegungsflächen pro Stapelebene erfolgt in drei Stufen:

- In der Erstbelegung wird die Werkstückart abgearbeitet, die die größte Gesamtgrundfläche aufweist.

- Werkstückarten mit gleicher Höhe können in der Zusatzbelegung angelagert werden.

- Die Zweitbelegung ergänzt die Belegungsfläche mit Werkstückarten anderer Höhe.

Zur Ablage der Werkstücke stehen zwei Ablagearten zur Verfügung: die Parallelablage und die Querablage. Parallel- mit Querablage und Quer- mit Parallelablage ergeben sich daraus als Kombinationen.

Werden die Werkstücke einzeln gegriffen (Einzelstückgriff), können nun direkt die Ablagekoordinaten errechnet werden. Beim gleichzeitigen Greifen mehrerer Werkstücke (Mehrstückgriff) werden die einzelnen Ablagemuster in Ablagematrizen aufgeteilt. Diese Ablagematrizen setzen sich wieder aus Teilablagematrizen zusammen (siehe z. B. Bild 28). Die Aufteilung der Ablagematrizen in Teilablagematrizen hängt von der Greiferfläche, dem Lagemuster im Fach und vom Ablagemuster auf der Palette ab. Für jede Teilablagematrize werden die Ablagekoordinaten ermittelt, die schlußendlich an das Bewegungsprogramm des Kommissionierroboters übergeben werden.

5.3.1   Ermittlung der Palettenbelegung

Bei der Ermittlung der Palettenbelegung wird immer mit der Werkstückart begonnen, die aufgrund der vorhergehenden Sortierung des ganzen bzw. des restlichen Kommissionierauftrages die größte Gesamtgrundfläche aufweist. Für diese Werkstücke wird im Rahmen der Erstbelegung ein geeignetes Ablagemuster ermittelt.

Entstehen bei der Erstbelegung unbelegte Reste der Belegungsbreite und Belegungslänge, wobei diese Abstände mindestens so groß wie die bei der Sortierung ermittelte minimale Werkstückbreite sein müssen, ist eine Zusatzbelegung mit Werk-

stücken einer anderen Werkstückart gleicher Höhe möglich,
<u>Bild</u> 25.

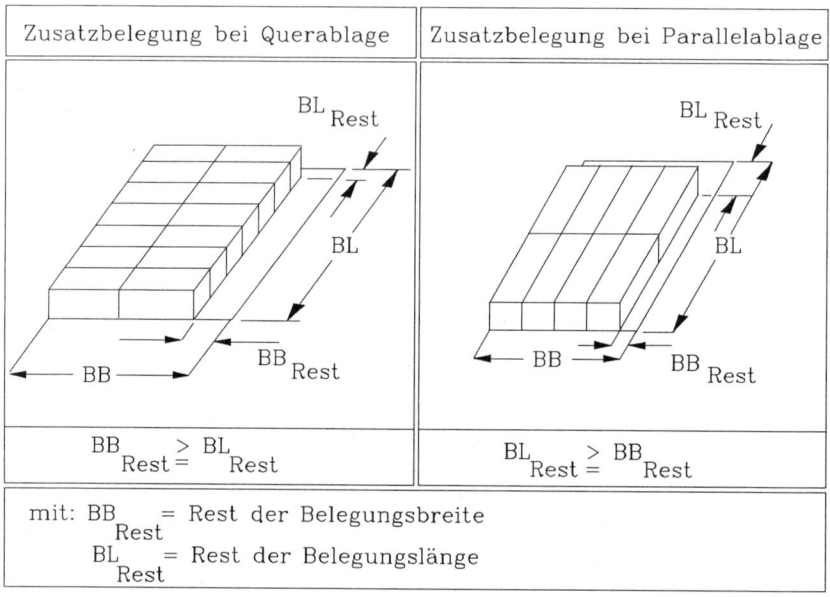

Zusatzbelegung bei Querablage	Zusatzbelegung bei Parallelablage
$BB_{Rest} \geq BL_{Rest}$	$BL_{Rest} \geq BB_{Rest}$

mit: BB_{Rest} = Rest der Belegungsbreite
BL_{Rest} = Rest der Belegungslänge

<u>Bild</u> 25: Zusatzbelegung bei Quer- und Parallelablage

Mit einer Suchprozedur werden unter den restlichen Werkstückarten diejenigen mit der gleichen Höhe wie die Werkstücke der
Erstbelegung herausgesucht. Wird nur eine Werkstückart gefunden, wird für die restliche Belegungsfläche ein geeignetes Ablagemuster ermittelt. Werden zwei oder mehrere Werkstückarten
gefunden, wird ebenfalls ein geeignetes Ablagen errechnet und
diejenige Werkstückart ausgewählt, bei der der unbelegte Rest
der Belegungslänge kleiner ist.

Ist dieser Abstand bei beiden oder mehreren Werkstückarten
gleich, wird diejenige Werkstückart ausgewählt, bei der der
unbelegte Abstand bzgl. der Belegungsbreite am kleinsten ist.
Der Zweck dieser Vergleiche liegt darin, daß durch Erst- und
Zusatzbelegung eine möglichst große verfügbare Belegungsfläche
für die nächste Stapelebene gewonnen wird, <u>Bild</u> 26.

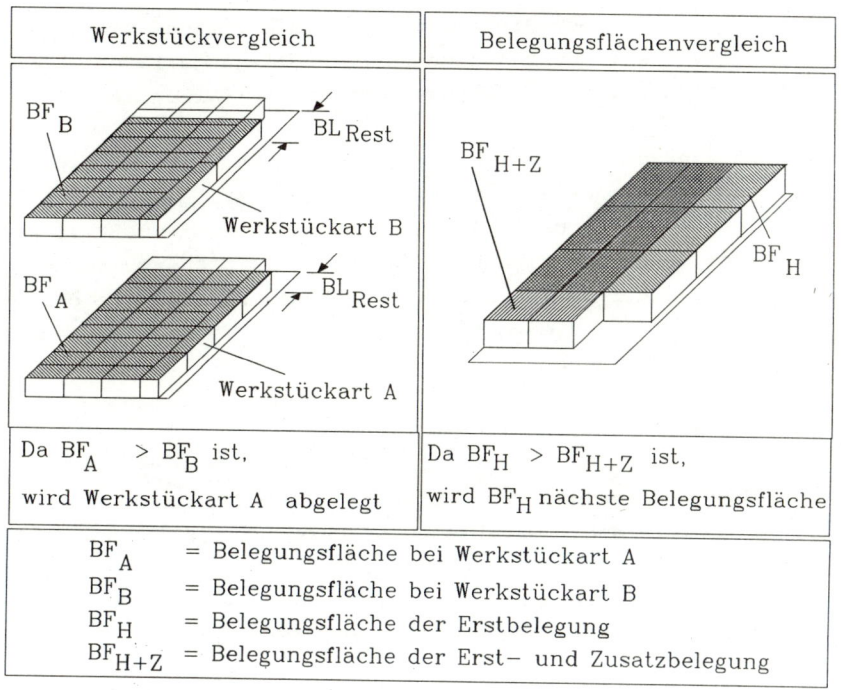

Werkstückvergleich	Belegungsflächenvergleich

Da $BF_A > BF_B$ ist,

wird Werkstückart A abgelegt

Da $BF_H > BF_{H+Z}$ ist,

wird BF_H nächste Belegungsfläche

BF_A = Belegungsfläche bei Werkstückart A
BF_B = Belegungsfläche bei Werkstückart B
BF_H = Belegungsfläche der Erstbelegung
BF_{H+Z} = Belegungsfläche der Erst- und Zusatzbelegung

Bild 26: Belegungsflächenmaximierung

Werden keine Werkstücke mit gleicher Höhe wie die Werkstücke
bei der Erstbelegung gefunden, wird eine Zweitbelegung mit
Werkstücken anderer Höhe vorgenommen. Das Ziel der Zweitbelegung besteht darin, die Belegungsfläche mit anderen Werkstückarten so aufzufüllen, daß zum einen die aktuelle Stapelebene
möglichst vollständig bedeckt werden kann und zum anderen eine
möglichst große Belegungsfläche für die nächste Stapelfläche
gewonnen wird. Bei der Zweitbelegung wird die belegte Fläche
der aktuellen Stapelebene gesperrt und die restliche verfügbare Belegungsebene kann mittels Erst- und Zusatzbelegung aufgefüllt werden. Die Zweitbelegung wird so lange ausgeführt,
bis die damit aufgestapelten Werkstücke die gleiche oder größere Stapelhöhe wie die Werkstücke auf der gesperrten Belegungsfläche haben. Um zu vermeiden, daß bei der Zweitbelegung
bereits abgelegte Werkstücke der gesperrten Belegungsfläche
beschädigt werden, ist die Z-Koordinate beim Ablegen derart

festgelegt, daß der Greiferarm nur bis auf einen Sicherheits-
abstand von 2 mm über der gesperrten Belegungsfläche abgesenkt
wird und dann die abzulegenden Werkstücke fallen läßt.

Die Belegungsfläche der nächsten Stapelebene ergibt sich durch
Flächenvergleiche der gesperrten Belegungsflächen, der Zweitbelegung und Restbelegungsfläche. Hierbei wird zusätzlich die
Höhe der einzelnen Flächen verglichen, um sicherzustellen, daß
innerhalb einer definierten Toleranz die Flächen gleich hoch
sind. Die größte gleich hohe Fläche wird als nächste Belegungsfläche beladen.

5.3.2 Bildung von Ablagemuster

Die Ablagemuster der Werkstückarten werden durch die Ablagearten Parallel- oder Querablage und deren Kombinationen gebildet, siehe Bild 27. Es ergeben sich somit unterschiedliche
Ablagematrizen. Zunächst wird die Parallelablage untersucht,
evtl. wird zum Ablagemuster Parallel- mit Querablage übergegangen. Können nicht alle Werkstücke abgelegt werden, wird die
Querablage untersucht, evtl. wird zur Ablagestategie Quer- mit
Parallelablage übergegangen. Anschließend wird diejenige unter
allen vier Ablagestrategien ausgewählt, mit der die meisten
Werkstücke dieser Werkstückart abgelegt werden können.

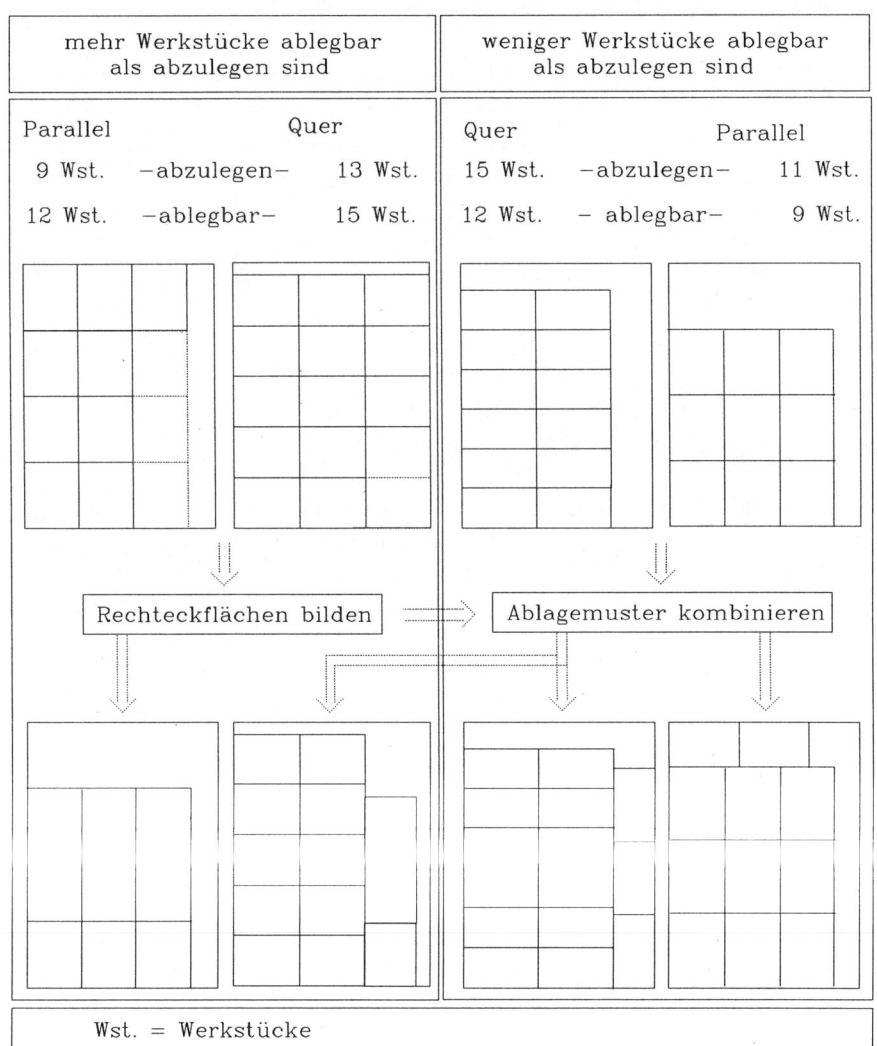

Bild 27: Bildung von Ablagemuster

5.3.3 Aufteilung in Ablagematrizen

Beim gleichzeitigen Greifen mehrerer Werkstücke müssen die
verschiedenen Ablagemuster in den einzelnen Stapelebenen
in Ablage- und Teilablagematrizen aufgeteilt werden, die der
Greifer zusammen handhaben kann, Bild 28. Aber nicht nur der
Greifer beeinflußt die Aufteilung des Ablagemusters. Wieviele
Werkstücke und in welcher räumlichen Anordnung am Greifer gemeinsam gehandhabt werden können, muß im einzelnen errechnet
werden und hängt vom

- Belegungszustand des Faches,
- Greifergröße und
- der Größe der Ablagematrix ab.

Bild 28 zeigt ein Ablagemuster mit 2 Ablagematrizen. Die Ablagematrix 4 x 8 setzt sich wiederum aus 6 Teilablagematrizen
zusammen.

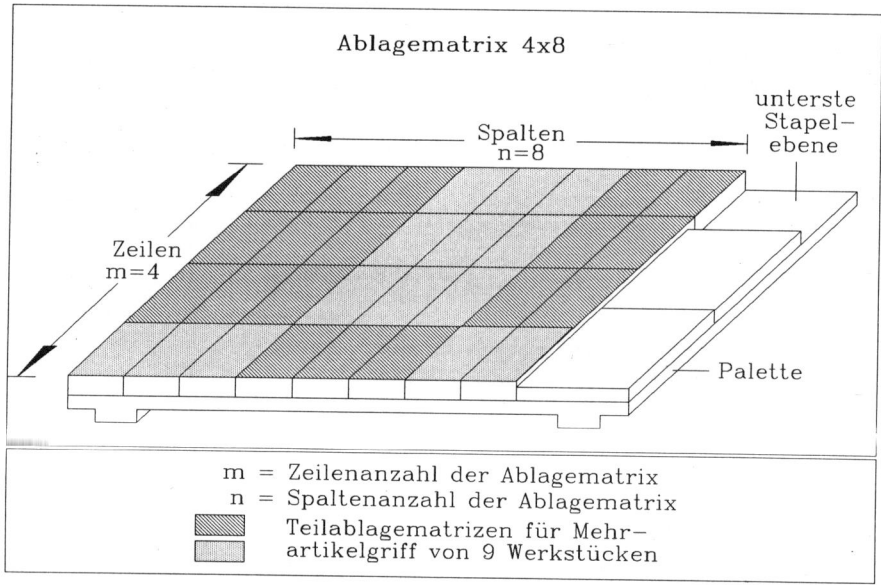

Bild 28: Ablage- und Teilablagematrizen einer Palettenbelegung
auf der untersten Stapelebene

Um möglichst viele Greifkombinationen für rechteckflächige
Ablagematrizen beim Mehrstückgriff zu bekommen, ist es sinnvoll, neben der allgemeinen Ablagematrix mit m Zeilen und n
Spalten weitere sehr häufig vorkommende Ablagematrizen zu betrachten. So lassen sich unabhängig von der Lage der Palette
im Arbeitsraum des Industrieroboter-Kommissioniersystems zehn
häufig vorkommende Ablagematrizen für die Parallel- und Querablage nach Bild 29 definieren.

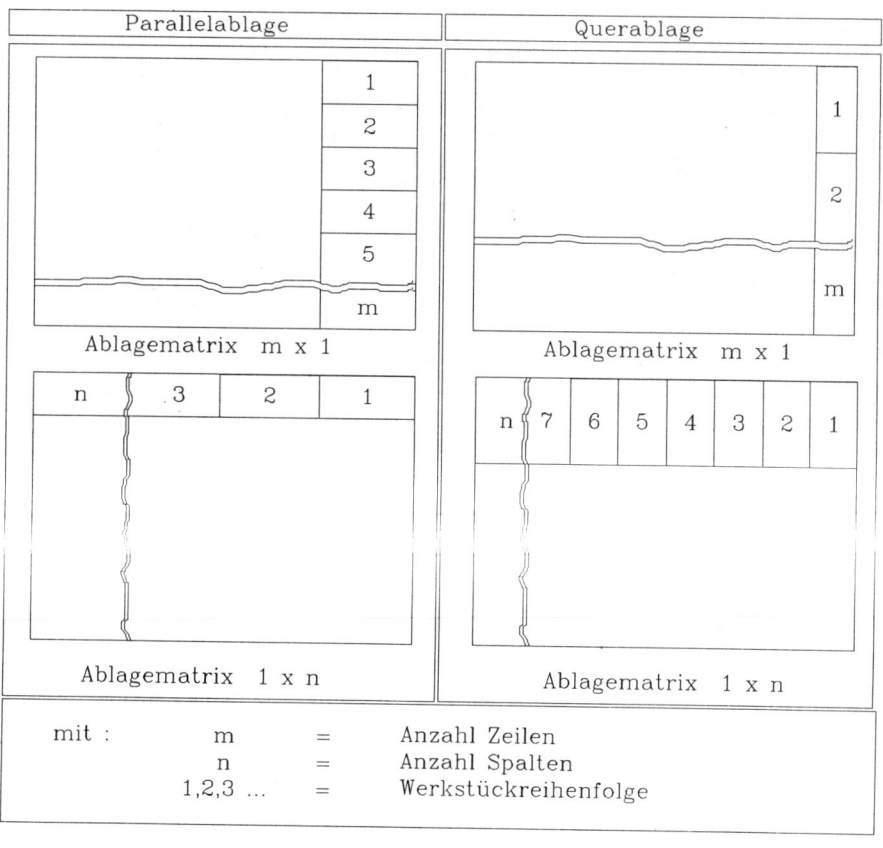

Bild 29a: Häufig vorkommende Ablagematrizen, Draufsicht auf
die Palette, (Teil 1)

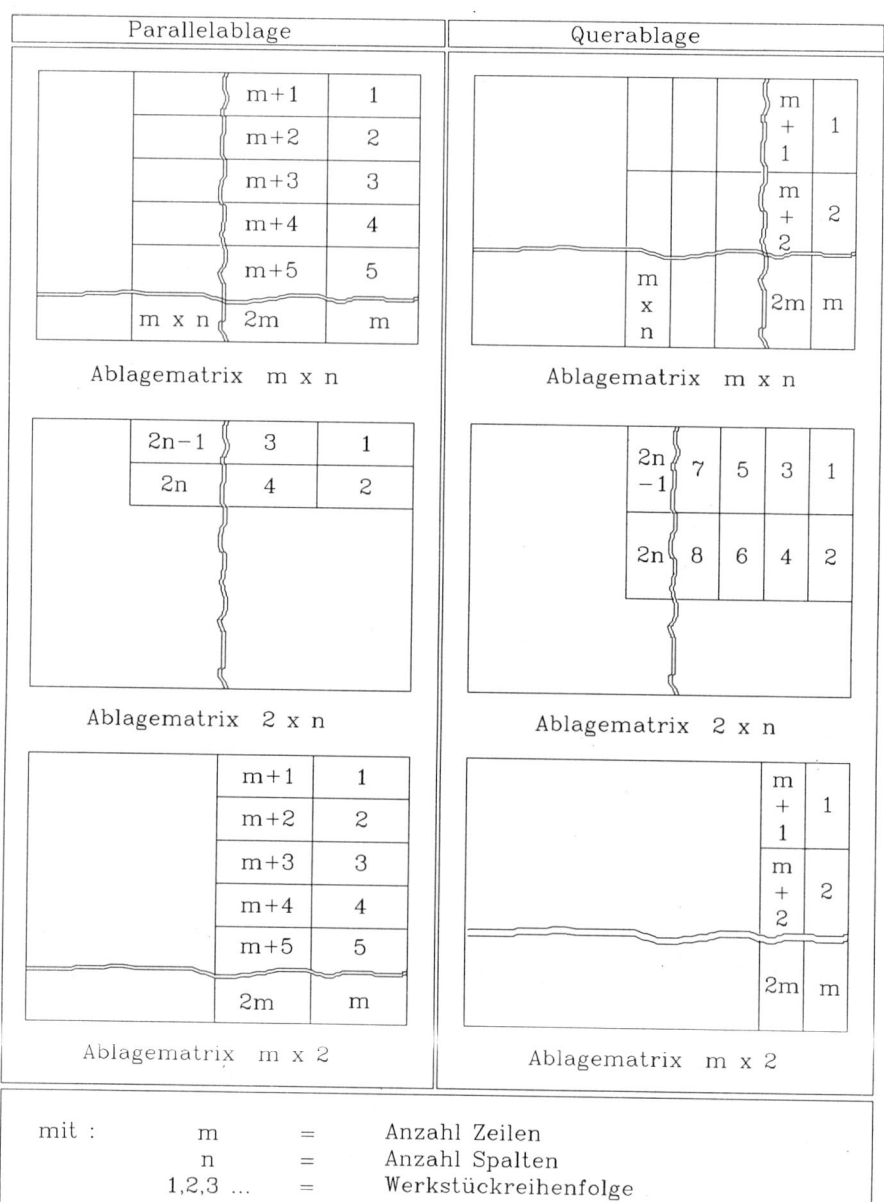

Parallelablage	Querablage

Ablagematrix m x n (Parallelablage)

	m+1	1
	m+2	2
	m+3	3
	m+4	4
	m+5	5
m x n	2m	m

Ablagematrix m x n (Querablage)

| m+1 / 1 |
| m+2 / 2 |
| m x n : 2m / m |

Ablagematrix 2 x n (Parallelablage)

2n-1	3	1
2n	4	2

Ablagematrix 2 x n (Querablage)

2n-1	7	5	3	1
2n	8	6	4	2

Ablagematrix m x 2 (Parallelablage)

m+1	1
m+2	2
m+3	3
m+4	4
m+5	5
2m	m

Ablagematrix m x 2 (Querablage)

| m+1 / 1 |
| m+2 / 2 |
| 2m / m |

mit :	m	=	Anzahl Zeilen
	n	=	Anzahl Spalten
	1,2,3 ...	=	Werkstückreihenfolge

Bild 29 b: Häufig vorkommende Ablagematrizen, Draufsicht auf
die Palette, (Teil 2)

5.3.3.1 Auswahl der Ablage- und Teilablagematrizen

Jedes Ablagemuster wird entsprechend seiner Zeilen- und Spaltenanzahl in die in Bild 29 beschriebenen Ablagematrizen und
eventuell in weitere Teilablagematrizen zerlegt. Hierbei spielt
das aktuelle Lagemuster des Fachs und die Greifergröße eine
wesentliche Rolle. Greiftechnisch müssen die Ablagematrizen
aus Einzelzeilen mit dem Einzelzeilengriff oder aus mehreren
Zeilen mit dem Mehrzeilengriff zusammengesetzt werden. Um mit
einer minimalen Anzahl an Greifvorgängen auszukommen, werden
die Ablagematrizen in möglichst viele Mehrzeilengriffe aufgeteilt. Für die Ablagematrix m x n wurden 18 Fallunterscheidungen nach Bild 30 erarbeitet. Insgesamt ergaben sich für die
in Bild 29 dargestellten 10 Ablagematrizen bei Parallel- und
Querablage für variable Werkstück-, Fach-, Greifer- und Palettenabmessungen 174 Fallunterscheidungen, deren Entstehung
nachfolgend anhand von zwei Beispielen erklärt wird.

5.3.3.2 Beispiele von Ablegevorgängen

Laut einem Kommissionierauftrag sollen 56 Werkstücke mit
der Werkstücknummer 1000 aus dem Lagerfach 500 entnommen
und auf der untersten Stapelebene, der Palettenfläche, abgelegt werden. Im Fach 500 lagern derzeit 75 Werkstücke der
Nr. 1000.

Das Kommmissionierprogramm beschreibt an Hand der Stückzahl im
Fach 500 und den Abmessungen des Werkstückes mit der Nr. 1000
das Lagemuster mit SF = 3, ZF = 3, ZFK = 0, ZFV = 1 und LF = 9.
Des weiteren errechnet das Programm, daß es sich um eine Ablagematrix mit m = 8 und n = 7 handelt, die über den Fall 16
nach Bild 30 gebildet wird. Bild 31 beschreibt die Erzeugung
der Ablagematrix, die zugleich Ablagemuster und Palettenbelegung ist.

Bild 32 zeigt ein Beispiel des Falles 3 nach Bild 30, bei
dem bewußt anfangs eine Lücke in der Ablagematrix gelassen
wird, die am Schluß aufgefüllt wird, um möglichst wenig Teilablagematrizen zu benötigen.

Fallunterscheidungen für Mehrzeilen- und Einzelzeilengriffe

Fallunterscheidungen					Griff	Fall
n < SF					EZ	1
SF ≤ n < 2 SF	ZFV < m	ZFV ≥ m			1 MZ + EZ	2
		ZFV + ZF ≥ m			2 MZ + EZ	3
		ZFV + ZF < m ≤ 2 ZF + ZFV			3 MZ + EZ	4
		m > ZFV + 2 ZF			3 MZ + EZ	5
n ≥ 2 SF		ZFV = m			2 MZ + EZ	6
	ZFV > m	ZFV ≥ 2 m			2 MZ + EZ	7
		ZFV < 2 m			3 MZ + EZ	8
	ZFV < m	ZF + ZFV > m	ZF + ZFV ≥ 2 m		3 MZ + EZ	9
			ZF + ZFV < 2 m	2 m − ZFV ≤ 2 ZF	4 MZ + EZ	10
				2 m − ZFV > 2 ZF	4 MZ + EZ	11
		ZF + ZFV = m			4 MZ + EZ	12
		2 ZF + ZFV ≥ m > ZF+ZFV	2 ZF + ZFV = m		6 MZ + EZ	13
			2 ZF + ZFV>m >ZF+ZFV	2 m − ZFV ≤ 3 ZF	5 MZ + EZ	14
				2 m − ZFV > 3 ZF	5 MZ + EZ	15
		3 ZF + ZFV > m > ZFV + 2 ZF	2 m − ZFV ≤ 5 ZF		7 MZ + EZ	16
			2 m − ZFV > 5 ZF		7 MZ + EZ	17
		3 ZF + ZFV ≤ m			EZ	18

mit :
m = Zeilen der Ablagematrix
n = Spalten der Ablagematrix
SF = Anzahl Spalten im Fach
ZF = Anzahl Zeilen im Fach
ZFV = Anzahl vollständiger Zeilen im Fach
EZ = Einzelzeilengriff
MZ = Mehrzeilengriff

<u>Bild</u> 30: Fallunterscheidungen für die Ablagematrix m x n

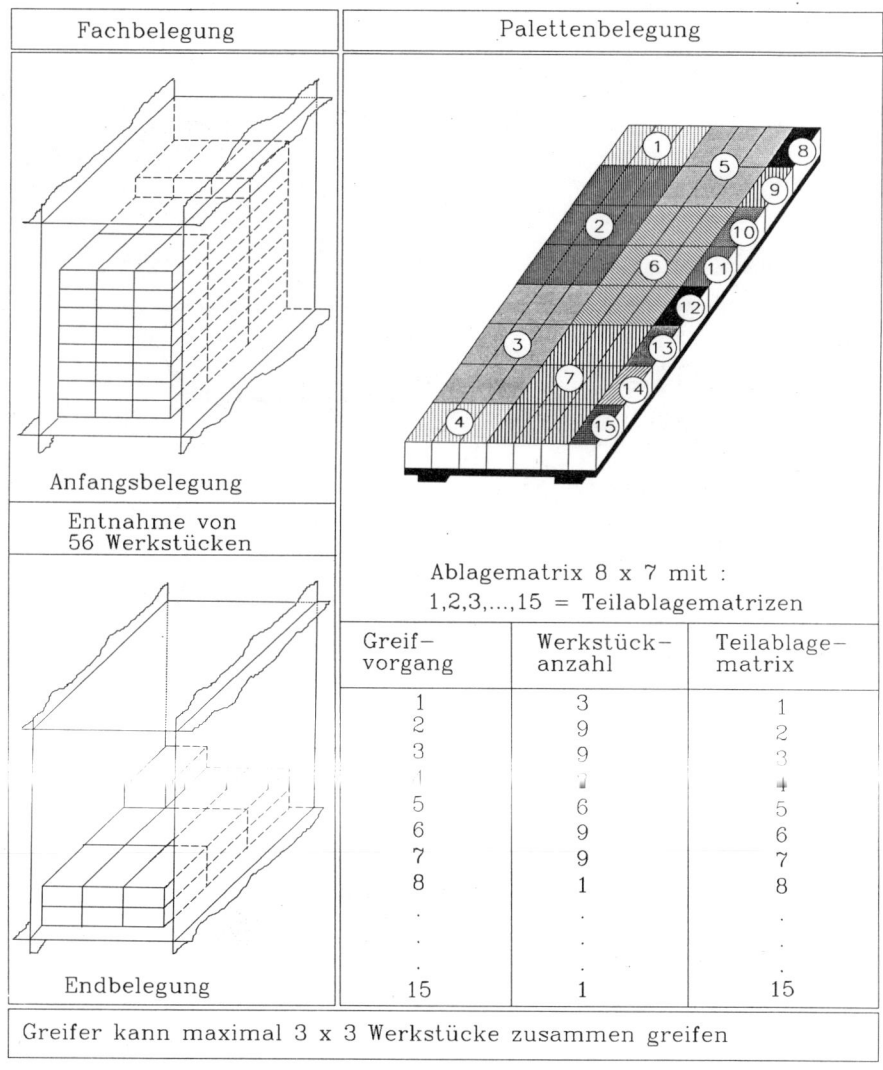

Fachbelegung	Palettenbelegung	

Anfangsbelegung

Entnahme von
56 Werkstücken

Endbelegung

Ablagematrix 8 x 7 mit :
1,2,3,...,15 = Teilablagematrizen

Greif–vorgang	Werkstück–anzahl	Teilablage–matrix
1	3	1
2	9	2
3	9	3
4	9	4
5	6	5
6	9	6
7	9	7
8	1	8
·	·	·
·	·	·
·	·	·
15	1	15

Greifer kann maximal 3 x 3 Werkstücke zusammen greifen

Bild 31: Erzeugung einer Ablagematrix 8 x 7

- 66 -

Fachbelegung	Palettenbelegung

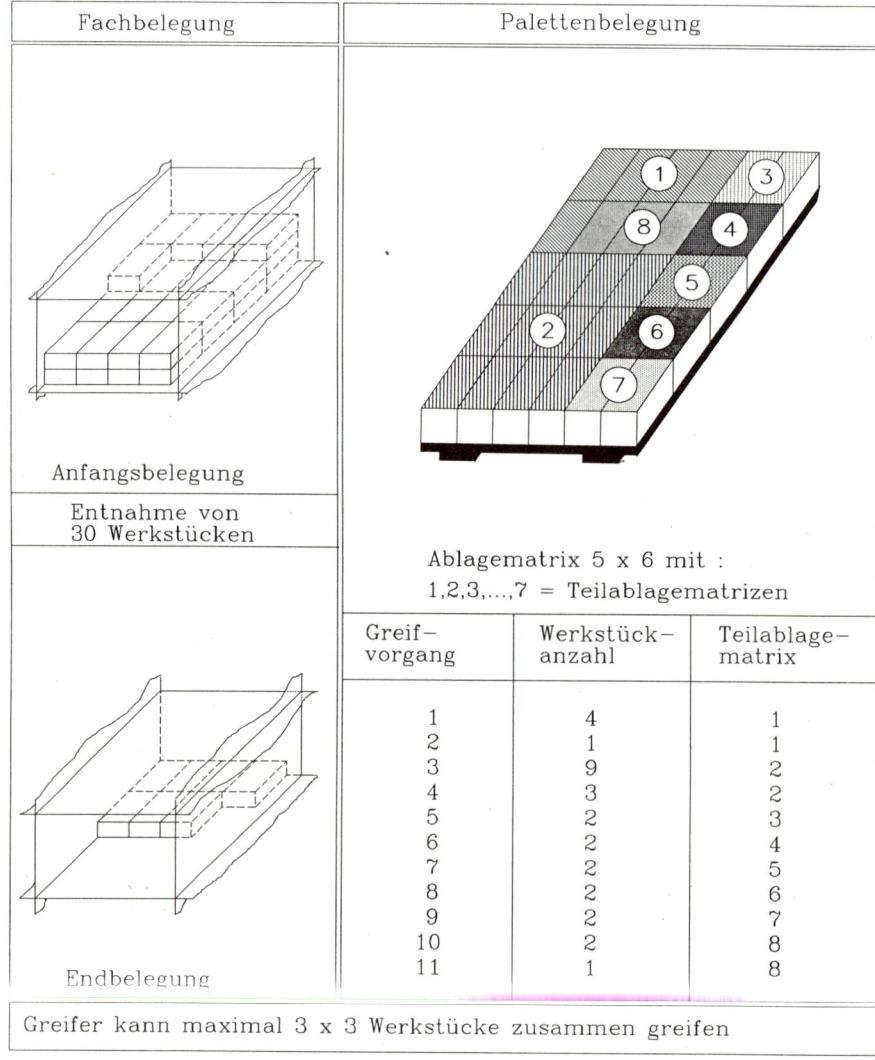

Ablagematrix 5 x 6 mit :
1,2,3,...,7 = Teilablagematrizen

Greif-vorgang	Werkstück-anzahl	Teilablage-matrix
1	4	1
2	1	1
3	9	2
4	3	2
5	2	3
6	2	4
7	2	5
8	2	6
9	2	7
10	2	8
11	1	8

Anfangsbelegung

Entnahme von
30 Werkstücken

Endbelegung

Greifer kann maximal 3 x 3 Werkstücke zusammen greifen

Bild 32: Erzeugung einer Ablagematrix 5 x 6

6.1   Lösungsfindung

Die Werkstücke in einem Industrieroboter-Kommissioniersystem
lagern in Lagemuster im Kommissionierlager. Durch Regalstre-
ben, Fachseitenwände, Fachzwischenwände oder benachbarte
Werkstücke ist ein Greifen auf den Seitenflächen der Werkstücke nicht möglich. Die Werkstücke können nur über die
Deckfläche gegriffen werden. Auch die Abgabemöglichkeiten
der Werkstücke auf eine Palette oder in eine Kiste sind durch
Kistenseitenwände, benachbarte Werkstücke im Ablagemuster oder
durch Nachbarpaletten auf die Deckfläche beschränkt. Der Kom-
missioniergreifer muß deshalb flächig von oben die Werkstücke
greifen. Beschränkt man sich auf quaderförmige Werkstücke,
bietet sich ein flächig ausgebildeter Mehrstückgreifer an, der
mit Hilfe von Vakuumsaugern die Werkstücke greift. Ein solcher
Greifer ist auch in der Lage, Werkstücke unterschiedlicher
Abmessungen und Gewichte zu handhaben.

Die Funktionalität und Konstruktion des Greifers werden durch
die Forderungen, in ein Regal und in eine Kiste greifen und
die Lage der Werkstücke beeinflussen zu können, bestimmt.
Hierfür wurden Lösungsmöglichkeiten erarbeitet und bewer-
tet. Beispielhaft zeigt das Bild 33 die Lösungen und Bewer-
tungen für eine verstellbare Greiferfläche, um in das Regal
bzw. in die Kiste greifen zu können.

Die Schwenkkinematiken der Varianten 1 und 2 haben den Nachteil, daß Eigen- und Handhabungsgewichte der Saugplatte voll
auf die Antriebe wirken und somit große Antriebsleistungen
notwendig sind. Bei Variante 3 können die Eigen- und Handhabungsgewichte über die Längsführungen der Saugplatte aufgenommen werden. Die Kinematik der Variante 3 ist darüberhinaus
auch sehr einfach, d.h. die steuerungsmäßige Verarbeitung des
Greifers erfordert nur eine Verschiebung in der horizontalen
Ebene, wenn die Saugplatte ein- oder ausfährt. Bei den Varianten 1 und 2 ergibt sich zusätzlich ein vertikaler Versatz.
Dies erfordert einen größeren Steuerungsaufwand und eine

längere Z-Achse des Roboters. Die Steifigkeit der Konstruktionen, d.h. die Gewährleistung einer exakten Stellung der Saugplatte in Fach- und Kistenstellung, ist bei den Varianten 1 und 2 auf Grund der Drehachsen aufwendiger zu realisieren. Dagegen erleichtert eine Drehachse für die Saugplatte bei Va-

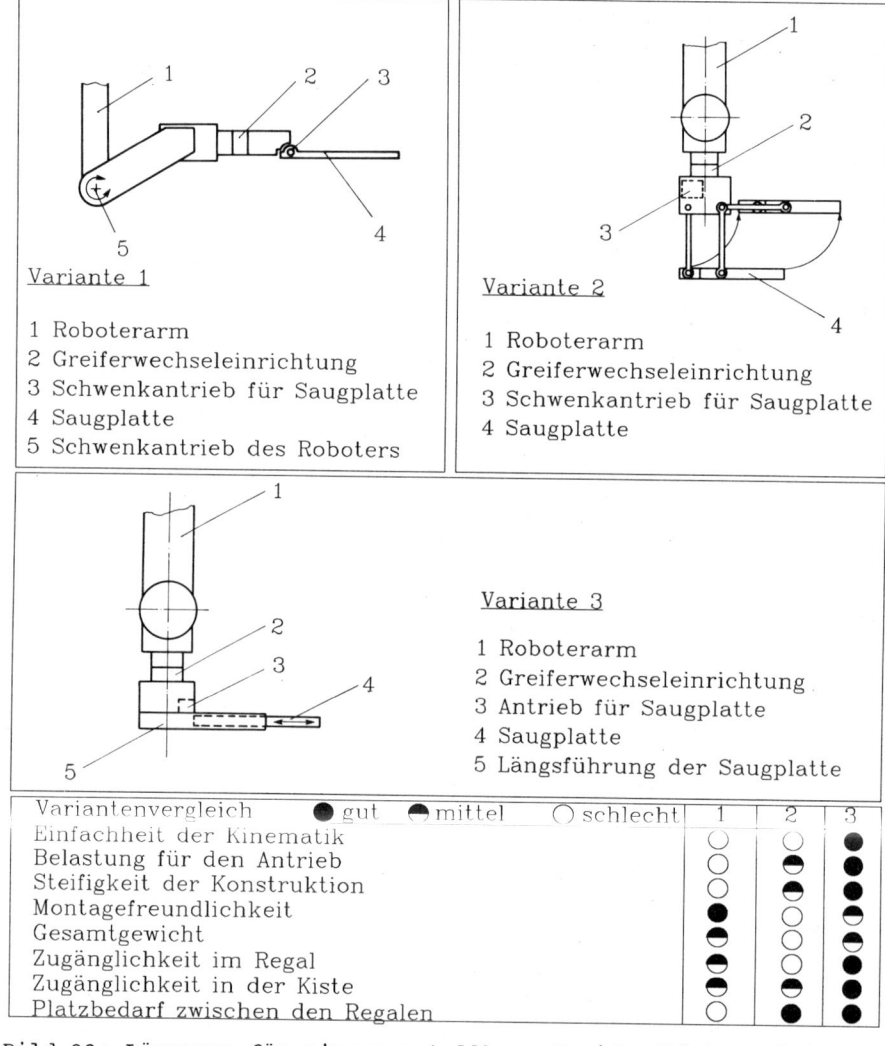

Variante 1

1 Roboterarm
2 Greiferwechseleinrichtung
3 Schwenkantrieb für Saugplatte
4 Saugplatte
5 Schwenkantrieb des Roboters

Variante 2

1 Roboterarm
2 Greiferwechseleinrichtung
3 Schwenkantrieb für Saugplatte
4 Saugplatte

Variante 3

1 Roboterarm
2 Greiferwechseleinrichtung
3 Antrieb für Saugplatte
4 Saugplatte
5 Längsführung der Saugplatte

Variantenvergleich　● gut　◐ mittel　○ schlecht	1	2	3
Einfachheit der Kinematik	○	○	●
Belastung für den Antrieb	○	◐	●
Steifigkeit der Konstruktion	○	◐	●
Montagefreundlichkeit	●	○	◐
Gesamtgewicht	●	○	◐
Zugänglichkeit im Regal	●	◐	◐
Zugänglichkeit in der Kiste	◐	●	●
Platzbedarf zwischen den Regalen	○	●	●

<u>Bild</u> 33: Lösungen für eine verstellbare Greiferfläche und ihre Bewertung

riante 1 die Montage des Greifers im Vergleich zu den Varianten 2 und 3, bei denen der Parallelogrammschwenkantrieb oder
die Längsführungen exakte Lagerspieleinstellungen erfordern.
Die Zugänglichkeit im Regal und in der Kiste bedeutet, daß die
Saugfläche möglichst die gesammte Fach- bzw. Kistenfläche ab-
decken kann. Dies ist bei den Varianten 1 und 2 nur bedingt
möglich, da die Drehgelenke seitlich an der Saugplatte Platz
benötigen, der für Sauger nicht zur Verfügung steht. Die Li-
nearachse der Variante 3 erlaubt jedoch eine volle Ausnutzung
der Saugplatte. Ein großer Nachteil der Variante 1 gegenüber
den Varianten 2 und 3 ist der große Platzbedarf, den diese
Konstruktion bei der Bedienung der Fächer benötigt, da der
Greifarm weit herausragt. Es zeigt sich somit, daß Variante 3
den beiden anderen Varianten vorzuziehen ist.

Das _Bild_ 34 gibt mögliche Komponentenanordnungen des Sensors
zur Lageerkennung der Werkstücke wider. Zwei wesentliche
Kriteria für die Kamera-Laser-Anordnung bestehen darin, einerseits in das Fach (horizontaler Blickwinkel) und andererseits auf die Palette bzw. in die Kiste (vertikaler Blickwinkel) blicken zu können. Die Variante 3 schneidet gegenüber den anderen Varianten beim horizontalen Blickwinkel
schlecht ab, da die Kamera-Laser-Anordnung gegenüber der
Saugplatte nach oben versetzt ist und somit Bildaufnahmeposition und Anfahrposition zum Greifen im Fach verschieden sind.
Beim vertikalen Blickwinkel haben die Varianten 2 bis 4
Schwierigkeiten, an der Saugplatte vorbei nach unten sehen zu
können. Bei der Ablage von Werkstücken in der Kiste erschwert
die Kamera-Laser-Anordnung der Varianten 2 und 4 die Zugänglichkeit. Die Kamera-Laser-Anordnung würde an Kistenseitenwände anstoßen. Dagegen erlauben alle Varianten einen kollisionsfreien Zugriff in das Regalfach. Der technische Aufwand
sowohl fertigungs- als auch steuerungstechnisch ist bei Variante 4 erheblich, da die Kamera nicht in einem mechanisch fest
eingestelltem Winkel zum Lager steht, sondern bei Fach- und
Palettenblick einen anderen Winkel einnimmt. Dies erfordert
einerseits eine genaue Positionierung der Kamera und ein
Wegklappen des Umlenkspiegels beim Palettenblick und andererseits ein komplizierteres Auswerteverfahren als bei den ande-

ren Varianten, da die Geometrieverhältnisse von Laser und Kamera bei Fach- und Palettenblick unterschiedlich sind. Im letzten Kriterium wird das Platzangebot an der gewünschten Stelle des Greifers für die Installation der Kamera-Laser-Anordnung beurteilt. Im Bereich der Saugplatte und des Greiferschafts führt die Installation der Anordnung zu Kollisionen mit den Kistenseitenwänden. Nur bei Variante 3 ist die Anordnung außerhalb des möglichen Kollisionsraumes. Dennoch zeigt sich, daß Variante 1 die günstigste Lösung ist, da durch Klappen der Kamera-Laser-Anordnung in die Horizontale im Fall des Ablegens in die Kiste das Kollisionsproblem gelöst ist.

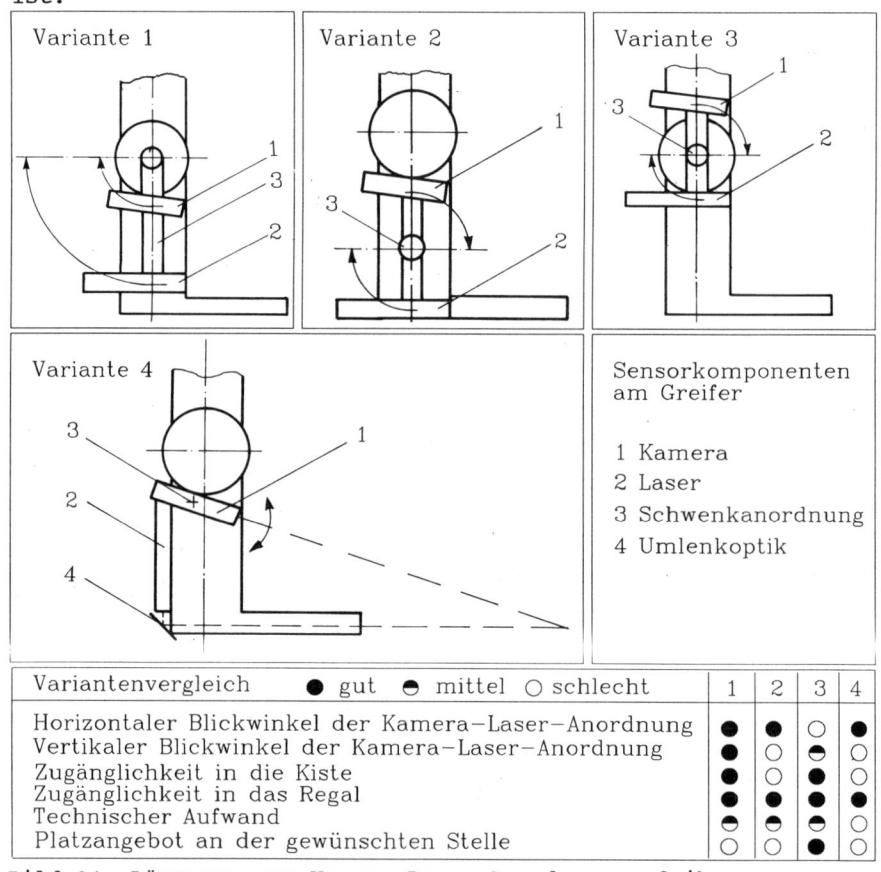

Variantenvergleich ● gut ◐ mittel ○ schlecht	1	2	3	4
Horizontaler Blickwinkel der Kamera-Laser-Anordnung	●	●	○	●
Vertikaler Blickwinkel der Kamera-Laser-Anordnung	●	○	◐	○
Zugänglichkeit in die Kiste	●	○	●	○
Zugänglichkeit in das Regal	●	●	●	●
Technischer Aufwand	◐	◐	◐	○
Platzangebot an der gewünschten Stelle	○	○	●	○

Bild 34: Lösungen zur Kamera-Laser-Anordnung und ihre Bewertung

Die Auswahl eines geeigneten Sensorsystems mußte die besonderen Anforderungen der Lageerkennung in einem Industrieroboter-Kommissioniersystem berücksichtigen: Ein breites Werk-
stückspektrum, Lage-, Orientierungs- und Abstandsmessung bei
zum Teil überlappenden Werkstücken ist eine sehr komplexe
Aufgabenstellung für ein Sensorsystem. Nur die Reduzierung
der zu erfassenden Umweltinformationen auf das Notwendigste
kann hier bei einem Industrieroboter-Kommissioniersystem eine
wirtschaftliche und schnelle Lageerkennung ermöglichen. So
sind Informationen über die Werkstückflächen und Werkstückgeometrien uninteressant und unnötig. Deshalb bietet sich
ein Bildverarbeitungssystem an, das nur die Kanten der Werkstücke erkennt. Nach dem heutigen Stand der Technik eignet
sich hierfür nur ein zeilenorientiertes Bildverarbeitungssystem nach dem Triangulationsverfahren, da dies Lage, Orientierung und Abstand des Werkstückes anhand der Werkstückkanten
erkennen kann. Dieses Verfahren ist prinzipiell laut Ahrens
/45/ in der Robotertechnik schon länger bekannt. Eine Anwendung zur Erkennung von Werkstücken in Fächern gibt es jedoch
nicht. So mußten für den Mehrstückgreifer erhebliche Entwick-
lungs- und Anpaßarbeiten an einem neu entwickelten Prototyp-
sensorsystem nach dem Triangulationsverfahren durchgeführt werden. Die Programmierung, Initialisierung und Werkstückerken-
nung wurde gezielt auf das Industrieroboter-Kommissioniersystem zugeschnitten.

6.2   Aufbau des Mehrstückgreifers

Die Anforderungen an den Mehrstückgreifer, die Lage mehrerer
Werkstücke zu erkennen, sie korrigieren und die Werkstücke
handhaben zu können, bedingen einen Aufbau mit kinematischen
und sensorischen Komponenten. Bild 35 zeigt den entwickelten
Mehrstückgreifer /46/ und seine Komponenten im eingefahrenen
Zustand für die Ablage der Werkstücke in der Kiste oder auf
der Palette und im ausgefahrenen Zustand zum Greifen im Fachregal. Die Überlegungen zur Komponentenauswahl und ihr Zusammenspiel werden im folgenden beschrieben.

Eingefahrener Zustand: Kistenstellung	Ausgefahrener Zustand: Fachstellung

1 = verfahrbare Saugerfläche
2 = Gewichtmeßeinrichtung
3 = Laser der Sensorik zur Lageerkennung der Werkstücke
4 = Kamera der Sensorik zur Lageerkennung der Werkstücke
5 = Horizontallineal (ausgefahrener Zustand)
6 = Vertikallineal (eingefahrener Zustand)
7 = Greiferwechseleinrichtung

Bild 35: Mehrstückgreifer für quaderförmige Werkstücke

6.2.1   Kinematik

Der Greifer muß einerseits ein kollisionsfreies und raumspa-
rendes horizontales Einfahren in ein Regalfach (<u>Bild</u> 35,
Fachstellung) und andererseits ein vertikales Einfahren in
eine Kiste zur Werkstückablage (<u>Bild</u> 35, Kistenstellung) ermöglichen. Von den in <u>Bild</u> 33 dargestellten Lösungsmöglichkeiten
wurde Variante 3 mit einer horizontal verfahrbaren Saugerplatte aus 8 Hohlprofilen, die mit 8 oder 9 Faltenbalgsauger be-
stückt sind und jeweils über ein Ventil mit dem Vakuumerzeuger
verbunden sind, verwirklicht. Von den Vorzügen dieser Variante
ist vor allem der geringe Platzbedarf zwischen den Regalen
hervorzuheben. Dieser Greifer kann sich in eingefahrenem Zustand zwischen den Regalen bewegen und erst beim Greifen direkt in das Fach ausfahren. Dagegen müssen die Varianten 1 und
2 vor dem Fach die Saugerplatte nach oben in die horizontale
Stellung bringen und benötigen somit einen wesentlich breite-
ren Regalgang.

Neben der Greiffunktion muß der Mehrstückgreifer die Lage
mehrerer Werkstücke korrigieren können. Hierzu befindet sich
in die Saugfläche eingelassen ein Horizontallineal, das aus-
und eingefahren werden kann. Ebenso kann parallel zur Verti-
kalachse des Greifers ein Vertikallineal ausgefahren werden.
Mit diesen beiden Linealen können einerseits im Regal oder
anderseits in der Kiste bzw. auf der Palette ungeordnete Werkstücke ausgerichtet werden, in dem der Greifer horizontal ver-
fährt und die Werkstücke mit einem der Lineale verschiebt.

Laser und Kamera des Lageerkennungssensors mußten außerdem in
den Greifer integriert werden. Hierzu wurden Laser und Kamera
wie in Variante 1 aus <u>Bild</u> 34 auf einem Träger drehbar am
Greifer gelagert, um sowohl in das Fach als auch auf die Palette oder in die Kiste blicken zu können. Mit dieser Anordnung war der günstigste Blickwinkel für beide Stellungen er-
zielbar.

6.2.2   Sensorik

In den Greifer integriert ist ein optisch arbeitendes Sensorsystem nach dem Triangulationsverfahren zur Lageerkennung der
Werkstücke bestehend aus einer Lichtquelle, einem Helium-Neon-
Laser, einer Kamera und einer Bildverarbeitungseinheit. Als
Basis diente das vom Fraunhofer-Institut für Information- und
Datenverarbeitung neu entwickelte zeilenorientierte Sensorsystem ZOSS /47/. Dieses mußte speziell für die Anwendung des Er-
kennens von quaderförmigen Werkstücken software- und hardware-
mäßig modifiziert werden. Hierfür wurde u. a. die Kamera in einem festen Winkel zum Laser an einem schwenkbaren Arm befestigt,
so daß der Blick sowohl in das Regalfach (<u>Bild</u> 35, Fachstellung)
als auch in die Kiste bzw. auf die Palette (<u>Bild</u> 35, Kistenstellung) möglich ist.

<u>Bild</u> 36: Zeilenorientiertes
        Sensorsystem ZOSS

Der Laser, dessen Strahl
ein Glasstab zu einem
Lichtband aufbricht,
projiziert ein Lichtband
auf die Werkstücke. La-
serlichtquelle und das
projizierte Lichtband
legen eine Ebene fest,
die im folgenden als
Projektionsebene be-
zeichnet wird. Diese
Projektionsebene ist beim
Blick in das Fachregal
parallel zur Saugerflä-
che. Durch Verfahren des
Greifers in vertikaler
Richtung kann die Lage
des Lichtbandes auf den Werkstücken bestimmt werden. In einem
festen Einstellwinkel zum Laserstrahl ist die Kamera angeord-
net. Der Kamera- und Lasermittelpunktstrahl liegen gemeinsam
in der Ebene senkrecht zur Projektionsebene. Dadurch bildet
sich die auf den Werkstücken sichtbare Linie je nach Abstand
von der Bezugskante, z. B. Fachregalvorderseite, in unterschiedlichem Abstand vom Bild der Bezugskante ab, wodurch sich

die Entfernung der Werkstücke von der Bezugskante berechnen
läßt. Um den Laserstrahl signifikanter zu machen, wird ein In-
terferenzfilter als Vorsatz für die Kamera verwendet, so daß
Tageslicht- und sonstige Beleuchtungseinflüsse ausgefiltert
werden. Auf diese Weise ist nur noch der Laserstrahl für die
Kamera sichtbar. Das Graubild der Kamera wird zunächst über
einen A/D-Wandler digitalisiert. Dabei wird das Videosignal
über eine einstellbare Helligkeitsschwelle (Binärschwelle) in
ein logisches Schwarz-Weiß-Signal überführt. Beim Abspeichern
des Binärbildes, bestehend aus 256 Zeilen und 512 Spalten,
sucht ein Scanner jede Zeile nach Schwarz-Weiß-Übergängen ab
und legt diese im Koordinatenspeicher ab. Das auf der CPU
Zilog Z 80 basierende Mikroprozessorsystem des Sensors greift
auf diese Informationen zu und führt die mathematischen Be-
rechnungen durch. Diesem Konzept der Bildverarbeitung liegt
zugrunde, daß nicht jeder Bildpunkt, bei 256 x 512 Punkte
wären es 131072 Punkte, sondern jeweils nur die 256 Schwarz-
Weiß-Übergänge gespeichert und verarbeitet werden müssen. Gegenüber anderen Bildverarbeitungssystemen benötigt dieses System weniger Speicherbedarf bei kürzerer Rechenzeit. Die be-
trachteten Werkstücke selbst stellen sich letztlich als die
aufprojizierten Geraden dar, <u>Bild</u> 37. Deshalb muß davon ausge-
gangen werden, daß die Anfangs- und Endpunkte dieser Geraden
die Werkstückkanten darstellen. Da es sich um quaderförmige
Werkstücke handelt, ist es zur Bestimmung der Werkstückbreite
oder des Werkstückabstandes ausreichend, die Endpunkte dieser
Geraden zu kennen. Liegt ein Werkstück verdreht in der Projektionsebene, so lassen sich zwei zusammenhängende Linien unter einem gewissen Winkel erkennen, die die zwei sichtbaren
Seiten des Werkstückes darstellen <u>Bild</u> 38. In diesem Fall werden die zwei Linien aber als zwei Werkstücke identifiziert und
es ist Aufgabe des auswertenden Systems, diese einem Werkstück
zuzuordnen und daraus die Schräglage des Werkstückes zu ermitteln.

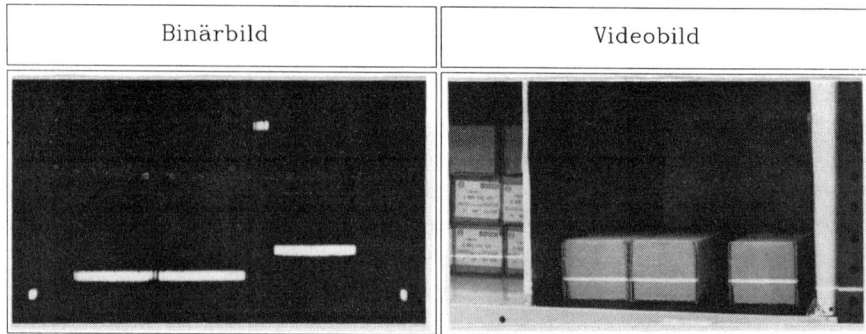

Bild 37 : Binäres Bild dreier Werkstücke in einem Fach

Mit diesem Verfahren geht die dritte Dimension verloren;
man ist auf das Problem der ebenen Erkennung beschränkt.
Die auszuwertende Ebene ist dabei durch die Projektionsebene
bestimmt. Eine räumliche Messung läßt sich nur durch "Ab-
tasten", d.h. durch schichtweises Ausmessen erreichen. Dabei
muß das in sich starre Sensorsystem in Richtung der Flächen-
normalen der Projektionsebene in diskreten Schritten bewegt
und jedes Meßergebnis abgespeichert werden.

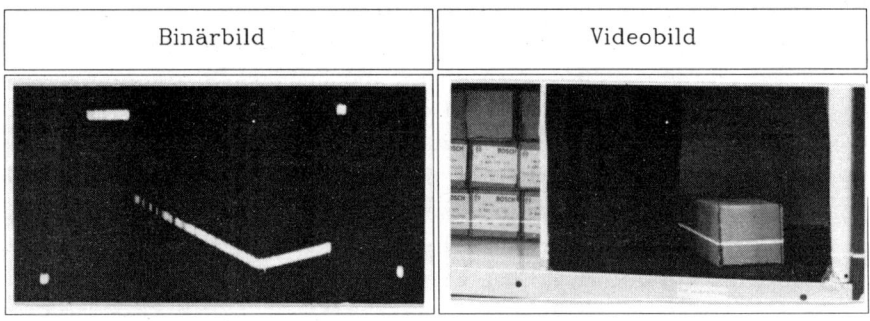

Bild 38: Binäres Bild eines schrägliegenden Werkstückes

Zur Unterstützung des Bildverarbeitungssystems ist ein
weiterer Sensor zur Gewichtsbestimmung der gegriffenen
Werkstücke in den Greifer integriert. Hierzu ist die Saugerfläche an vier Federstahlblättchen schwimmend aufge-
hängt. Dehnungsmeßstreifen greifen dort die Biegespannungen
ab. Die positiven Biegespannungen werden zur Gewichtsbestimmung der Werkstücke ausgewertet. Die negativen Biegespannungen

können als Regelgröße zum Greifen mit gezieltem Anpreßdruck
genutzt werden.

6.3   Funktionsweise

Durch die Sensorik ist der Mehrstückgreifer in der Lage, auch
teilgeordnete Lagen oder Lagematrizen von Werkstücken zu greifen, indem er zunächst die Positionen der Werkstücke erkennt,
mit den vom Rechner vorgegebenen Positionen vergleicht, not-
falls Werkstücke korrigiert und die geordnete Werkstücklage
oder -matrize letztlich im Mehrstückgriff entnimmt.

6.3.1   Positionserkennung der Werkstücke

Bevor der Greifer in das Fach einfährt, nimmt die Kamera
in einem festprogrammierten Abstand vom Fach, in der Bildaufnahmeposition, die Situation der obersten Werkstücklage
im Fach auf, z.B. das Lagemuster im Fach nach <u>Bild</u> 39.

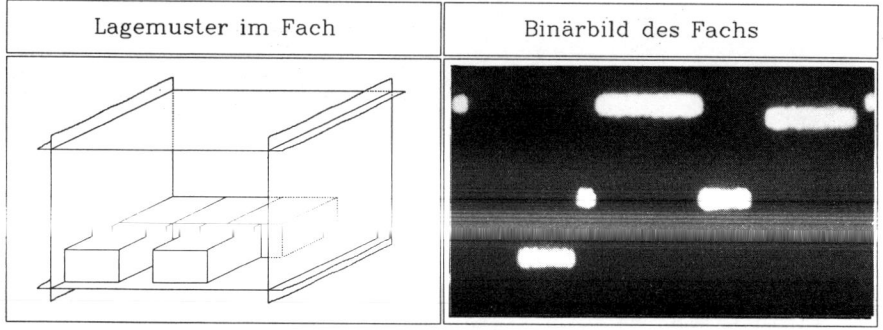

<u>Bild</u> 39: Fachbelegung mit 5 Werkstücken

Das ZOSS tastet das Monitorbild zeilenweise nach Schwarz-Weiß-
Übergängen ab und speichert die ZOSS-internen Koordinaten.
Über den durch die vorherige Initialisierung des Bildverarbei-
tungssystems festgelegten Abbildungsmaßstab können dann
Position und Winkel der Werkstücke im Fach bestimmt werden,
<u>Bild</u> 40, die anschließend im Kommissioniersystemrechner mit
den Sollwerten verglichen werden.

- 78 -

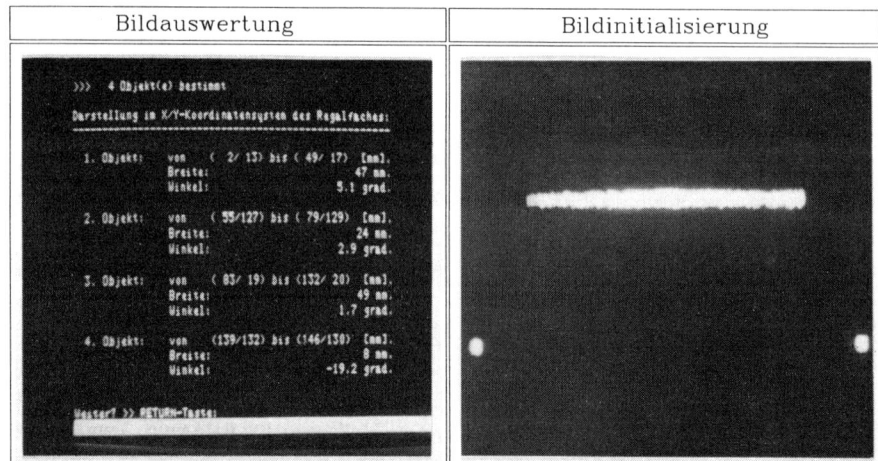

| Bildauswertung | Bildinitialisierung |

Bild 40: Bildauswertung mit
Werkstückpositionen
und Werkstückwinkel
im Fach

Bild 41: ZOSS-Bild während
des Initialisie-
rungsvorgangs

Die Initialisierung erfolgt einmal nach Einschalten des Bildverarbeitungssystems an der Bildaufnahmeposition vor einem
leeren Fach. Sind alle Fächer gleich breit und tief, genügt
eine Initialisierung. Auf dem Monitor werden bei eingeschalte-
tem Laser drei Linien sichtbar, Bild 41. Etwa in Bildmitte am
linken und rechten Bildrand befinden sich zwei kurze Linien,
die die beiden vorderen Fachkanten darstellen. Eine längere
Linie am oberen Rand des Bildschirms zeigt die Position der
hinteren Fachwand. Durch zeilenweises Scannen wird der Abstand
zwischen den beiden vorderen und der hinteren Linie bestimmt
und mit der vom Benutzer vorgegebenen tatsächlichen Regaltiefe
in Beziehung gesetzt. Ebenso wird der Zeilenabstand der beiden
kurzen Linien mit der tatsächlichen Fachbreite verrechnet. Daraus wird schließlich der Abbildungsmaßstab festgelegt.

6.3.2 Korrekturbewegungen

Stimmen Soll- und Istposition der Werkstücke im Fach nicht
überein, führt der Greifer je nach Istposition der Werkstücke
eine von drei möglichen Korrekturbewegungen aus, Bild 42. Sind
ein oder mehrere Werkstücke der zu entnehmenden Lage nach
rechts versetzt, fährt das Horizontallineal aus, und schiebt
das Werkstück in seine Sollposition. Bei einer Soll-Ist-Ab-
weichung der Werkstückposition in Fachtiefe verschiebt der
Greifer mit der Stirnfläche das Werkstück. Liegt ein Werkstück
schräg im Fach, korrigiert der Greifer mit dem Horizontallineal und der Stirnfläche. Bild 43 und 44 zeigen die Korrekturbe-
bewegungen im Fach.

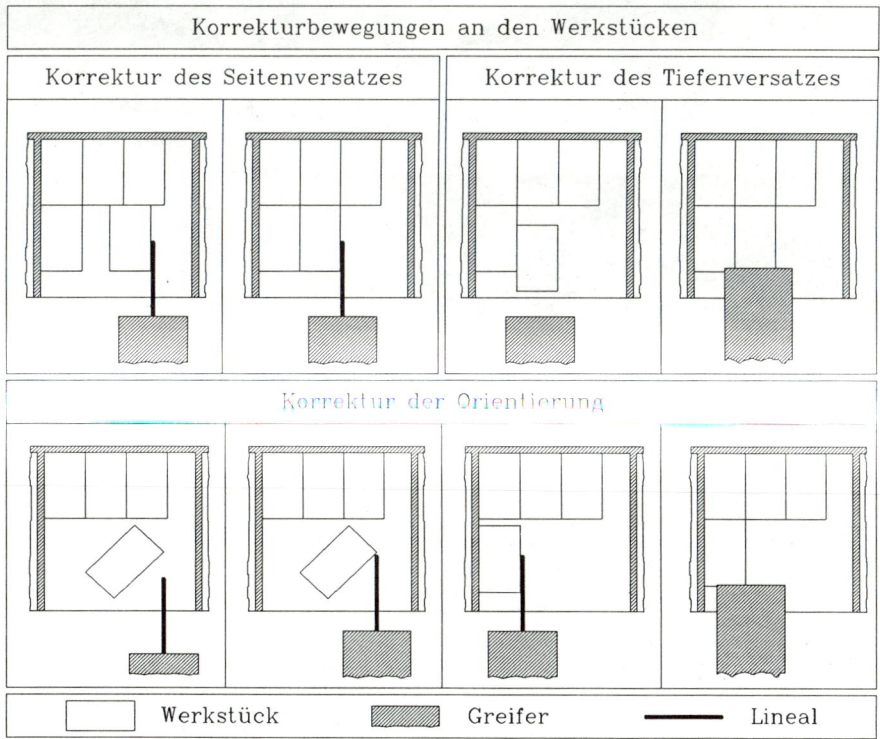

Bild 42: Korrekturbewegungen mit dem Greifer

Bild 43: Schieben mit der
Stirnfläche

Bild 44: Einsatz des
Horizontallineals

Entsprechende Korrekturbewegungen kann der Greifer
auch auf einer Palette oder
in einer Kiste durchführen,
hierbei muß die Laser-Kamera-
Sensorik nach unten blicken
und das Vertikallineal dient
als Korrekturwerkzeug, siehe
Bild 45.

Bild 45: Korrekturbewegung
in der Kiste

Die enge Abhängigkeit der Hardware- und Softwarekomponenten
bei einem Industrieroboter-Kommissioniersystem mit Mehrstückgreifer machte es zwingend notwendig, Erfahrungen beim Zusammenwirken der Komponenten in einem Versuchsaufbau zu sammeln.
Hierfür wurde speziell ein Industrieroboter-Kommissioniersystem aus marktgängigem Industrieroboter, Steuerungen und Pe-
ripherie aufgebaut, der neu entwickelte Mehrstückgreifer und
das Palettier- und Kommissionierprogramm integriert und die
Software zur Gesamtsystemsteuerung und -verwaltung erstellt.
Anschließende Versuche mit diesem Industrieroboter-Kommissioniersystem hatten das Ziel, die erreichbare Leistungssteigerung durch den Mehrstückgriff und durch optimale Systemkom-
ponentengestaltung zu ermitteln.

7.1   Komponenten des Versuchsaufbaus

7.1.1   Handhabungskomponenten

Im Arbeitsraum eines Dürr-Portalroboters P 100 ist eine Re-
galzeile mit mehreren Fächern aufgestellt. In den Fächern lagern artenrein quaderförmige Werkstücke unterschiedlicher Abmessungen. Am Portalroboter ist über eine Greiferwechselvor-
richtung der Mehrstückgreifer automatisch anflanschbar. Auf
einem Bereitstellungsplatz können einzulagernde Werkstücke dem
Industrieroboter dargeboten werden. Die Kommissionierung findet an einem Auslagerungsplatz in Kisten oder auf Paletten
statt. Die Anordnung der Komponenten im Arbeitsraum verdeutlicht das Bild 46.

1 = Portalroboter	6 = Bereitstellungsplatz
2 = Mehrstückgreifer	7 = Auslagerungsplatz
3 = Fachregal	8 = Personalcomputer
4 = Artenrein lagernde Werkstücke	9 = Robotersteuerung
5 = Kommissionierte Werkstücke	10 = Sensorsystem ZOSS

Bild 46: Komponenten des Versuchsaufbaus

7.1.2 Steuerungskomponenten

Ein IBM-Personalcomputer steuert als Kommissioniersystemrech-
ner das Zusammenwirken der Teilkomponenten des Versuchsaufbaus. Er verwaltet das Fachregallager, plant die Lagerbewe-
gungen (Ein- und Auslagerungen), bearbeitet die Kommissionieraufträge und steuert den Handhabungsablauf im Kommissioniersystem. Die Roboterachsen und die digitalen Ein- und Ausgänge
der Teilkomponenten des Kommissioniersystems, z. B. für den
Greifer oder für die zukünftige Anbindung an ein Transport-
system, steuert die AEG-Robotersteuerung Robotronic R 500 mit
ihrer internen speicherprogrammierbaren Steuerung. Sensorsig-
nale gehen direkt zur Verarbeitung in den Personalcomputer.
Analoge Signale, z. B. zur Gewichtsbestimmung der Werkstücke
am Greifer, sind auf eine A/D-Schnittstellenkarte des Personal-
computers geführt. Das Videosignal des Lageerkennungssensors
am Greifer geht zum ZOSS mit seinem eigenen Prozessor, der
Lage- und Orientierungsdaten der Werkstücke über eine V24-
Schnittstelle an den Personalcomputer gibt. Die Robotersteuerung ist seriell mit dem Personalcomputer verknüpft. Eine weitere serielle Schnittstelle verbindet den Personalcomputer mit
der zentralen DAV-Anlage. Bild 47 stellt die Steuerungsstruktur des Industrieroboter-Kommissioniersystems dar.

- 84 -

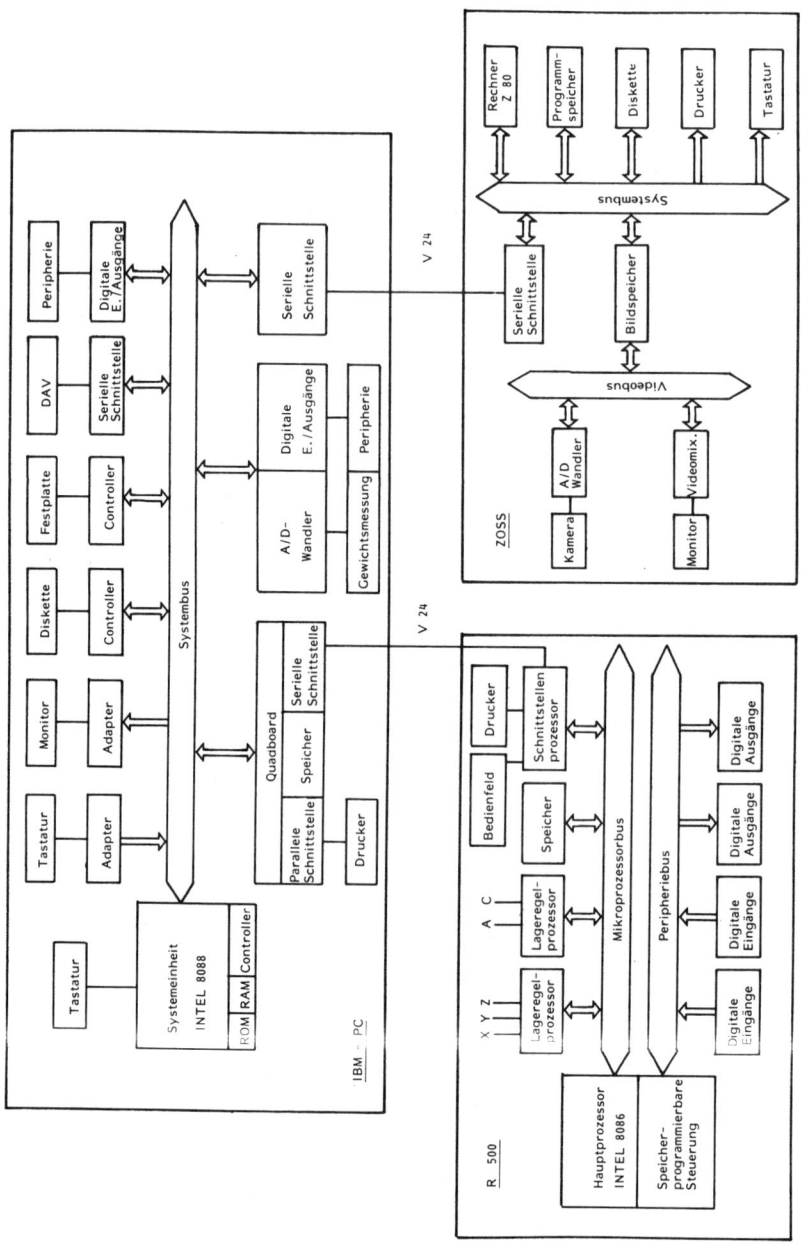

Bild 47: Steuerungsstruktur des Versuchsaufbaus

7.1.3 Softwarekomponenten

Die Software des Industrieroboter-Kommissioniersystems ist,
wie in Bild 48 dargestellt, modular strukturiert. Über das
Lagerverwaltungsprogramm kommuniziert der Benutzer mit dem
System. Dieses dBASE-Datenprogramm verwaltet die Werkstück-,
Regal-, Fach-, Greifer- und Roboterdaten, wie Bereitstellungs-
und Ablageplätze. Über Menüsteuerung können Ein- und Auslage-
rungsaufträge eingegeben werden. Ein Initialisierungsmodul
erlaubt eine Anpassung der Software an unterschiedliche Regal-
anordnungen. Das darunterliegende Pascal-Bewegungsprogramm
setzt die Aufträge in Folgen von Bewegungsbefehlen und Peri-
pheriesignalen um. Hierbei müssen die Sensordaten der Ge-
wichtsmessung und des Bildverarbeitungssystems zur Lage- und
Orientierungsbestimmung der Werkstücke verarbeitet werden. Das
Palettier- und Kommissionierprogramm minimiert durch Mehrstückgriff die Bewegungsfolgen. Bevor die Bewegungsbefehle
über das Assembler-Schnittstellenprogramm an die Robotersteuerung geschickt werden, verhindert ein Antikollisionsprogramm
mögliche Kollisionen und gewährleistet, daß der Roboter sich
auf dem kürzesten Weg in den Regalgängen bewegt. Hierfür be-
rechnete dieses Programm schon bei der Konfiguration des Kommissioniersystems, der Initialisierung, mögliche Umlaufwege um
die Regale und Entfernungen zwischen den Regalen und den Be-
reitstellungsplätzen der Werkstücke für die Einlagerung und
den Ablageplätzen für die Auslagerung der Werkstücke. Für die
aktuellen Bewegungsbefehle greift das Programm auf diese Daten
zurück und berechnet den kürzesten kollisionsfreien Weg. In
der Robotersteuerung selbst lösen die Bewegungsbefehle die
Steuerung der einzelnen Achsen aus und aktivieren über die
speicherprogrammierbare Steuerung notwendige Peripheriefunk-
tionen, wie z.B. das Ansteuern des Greifers.

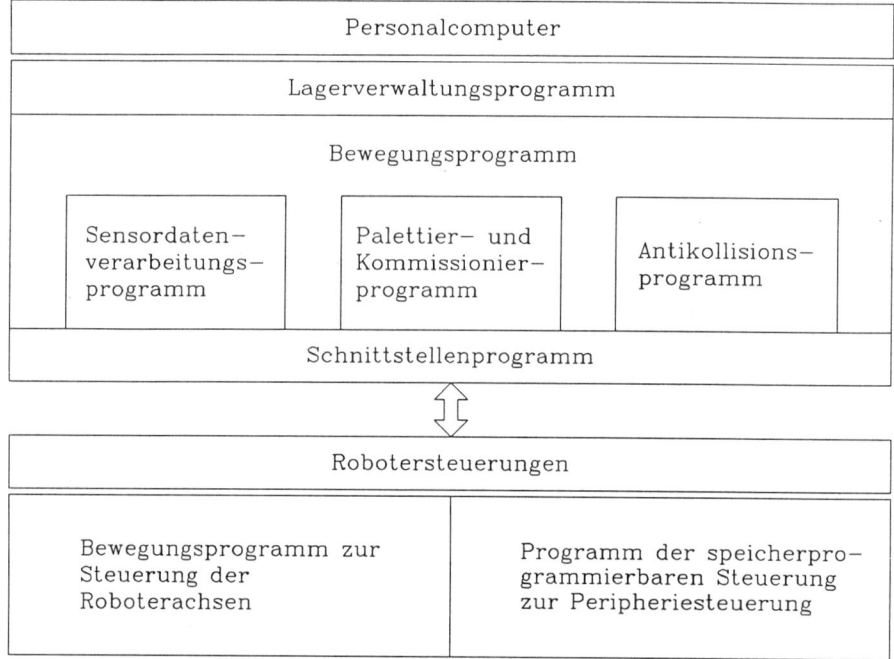

Bild 48: Softwarestruktur des Versuchsaufbaus

7.2   Handhabungsablauf im Versuchs-Industrieroboter-
        Kommissioniersystem

7.2.1   Einlagerung

Im Wareneingang werden die angelieferten Werkstücke ausge-
packt, mengenmäßig kontrolliert und beschädigte Werkstücke
aussortiert. Anschließend werden sie manuell auf den Bereit-
stellungsplätzen des Industrieroboter-Kommissioniersystems
artenrein mehrlagig gestapelt. Dem Personal-Computer gibt der
Bediener Werkstückart, Abmessungen, Gewicht und Stückzahl ein.
Je nach Gängigkeit des Werkstücks kann der Bediener zwischen
drei Regalfachgrößen auswählen. Der Personal-Computer erstellt
dann einen Einlagerungsauftrag und weist dem Industrieroboter

ein Fach in den Lagerregalen (freie Lagerfachordnung) für die
Einlagerung zu. Die einzulagernden Werkstücke werden grundsätzlich in ein leeres Fach eingelagert, um sicherzustellen,
daß im Lager schon befindliche Werkstücke derselben Art zuerst
ausgelagert werden (First-In-First-Out-Prinzip). Folglich sind
kurzzeitig pro Werkstückart maximal zwei Fächer im System
verfügbar. Darüber hinausgehende Werkstückmengen müssen in
einem Reservelager gelagert werden. Der Industrieroboter be-
ginnt die Einlagerung damit, daß er ganz links am Bereitstellungsplatz alle Werkstückzeilen und soviele Werkstückspalten
wie möglich links bündig ansaugt und zum Fach transportiert.
Kommt der Industrieroboter zu den letzten Werkstückspalten einer Lage, saugt er die Werkstücke im Gegensatz zu vorher
rechtsbündig an, um eine Kollision mit der rechten Fachwand
bei der Ablage zu vermeiden. Ist die oberste Werkstücklage am
Bereitstellungsplatz unvollständig, wird diese zunächst auf
einem Ausweichplatz zwischengelagert und erst nach Handhabung
aller vollständigen Lagen zum Schluß eingelagert. Über die
Laser-Kamera-Sensorik kann überprüft werden, ob die Werkstücke
auf dem Bereitstellungsplatz lagerichtig liegen. Treten Abwei-
chungen auf, kann durch Korrekturbewegungen die Lage wieder
geordnet werden. Während des Greifens kontrolliert der Ge-
wichtsensor, ob die vorgegebene Stückzahl von Werkstücken gegriffen wurde.

7.2.2 Auslagerung

Bei der Auslagerung greift der Industrieroboter entsprechend
dem vom Rechner vorgegebenen Kommissionierauftrag die Werkstücke einzeln oder Lagematrizen nach der Greifstrategie.
Durch zeilenweises Schalten der Sauger und mehr oder weniger
tiefes Einfahren in das Fach können Einzelwerkstücke, Lagematrizen oder ganze Lagen von Werkstücken entnommen werden. Der
Industrieroboter legt diese ungeordnet in einer Kiste ab oder
palettiert diese nach dem Palettier- und Kommissionierprogramm
auf einer Palette, Bild 49, oder in einer Kiste Bild 50.

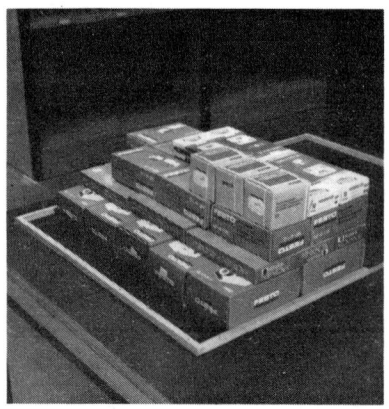

Bild 49: Ablage auf Palette   Bild 50: Ablage in Kiste

Darüber hinaus ist es möglich, Werkstücke von einem größeren
in ein kleineres Fach oder umgekehrt umzulagern, wenn die
Gängigkeit eines Werkstückes eine andere Fachgröße erfordert.
Bild 51 stellt die möglichen Handhabungsabläufe zusammenfassend dar.

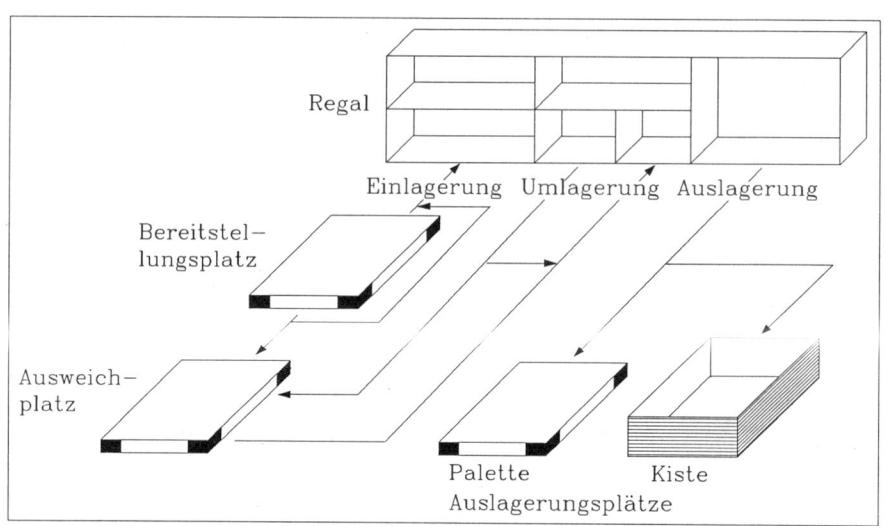

Bild 51: Mögliche Handhabungsabläufe im Versuchs-
         Industrieroboter-Kommissioniersystem

7.3   Versuchsergebnisse

Der Versuchsaufbau hat gezeigt, daß ein Industrieroboter, der
mit einem sensorunterstützten Mehrstückgreifer ausgestattet
ist und in einem Kommissioniersystem integriert wird, im Mehrstückgriff sowohl ein- als auch auslagern kann, d. h. es läßt
sich ein vollautomatisiertes Kommissioniersystem verwirklichen
bei dem auch das Greifen zumindest für quaderförmige Werkstücke automatisch erfolgt. Der entwickelte Mehrstückgreifer
bewährte sich beim praktischen Einsatz. Sein Sensorsystem zur
Lageerkennung der Werkstücke stellte sich als entscheidende
Komponente für die Funktionsfähigkeit des Gesamtsystems he-
raus.

7.3.1   Leistungssteigerung durch Kommissionierzeitreduzierung

Die Ergebnisse der Rechnersimulation von Kapitel 4.3.3 wurden
mit dem Versuchsaufbau bestätigt: Durch den Mehrstückgriff ist
gegenüber dem Einzelstückgriff bis zu 80 Prozent der Kommissionierzeit einzusparen. Diese Reduzierung ist nur erreichbar,
wenn Greifer, Fach und Ablageort gleich große Flächen haben
und eine große Anzahl von Werkstücken pro Position entnommen
wird. Auch Korrekturbewegungen dürfen hierbei mit dem Greifer
nicht ausgeführt werden.

Zahlreiche Versuche mit dem Palettier- und Kommissionierprogramm zeigten, daß je nach Ablagemuster die Kommissionierzeit
bei Mehrstückgriff 20 bis 50 Prozent der Zeit bei Einzelstückgriff betrug. Der Durchschnittswert lag bei 30 Prozent der
Kommissionierzeit des Einzelstückgriffs. Hierbei ist zu beachten, daß bei diesem Kommissionierprogramm Störkanten bei der
Ablage, z.B. benachbarte Paletten oder Kistenseitenwände, noch
nicht berücksichtigt werden. In diesen Fällen wäre ein zu-
sätzliches Umgreifen notwendig, das die Kommissionierzeit wieder etwas verlängern würde.

7.3.2   Erfahrungen mit der Sensorik

Die Erfahrungen mit dem Bildverarbeitungssystem ZOSS zur Lageerkennung der Werkstücke lassen sich wie folgt zusammenfas-
sen: Dieses Sensorsystem ist prinzipiell für diese Anwendung
geeignet, doch genügt sein Zeitverhalten und seine Zuverlässigkeit einem industriellen Einsatz noch nicht.

7.3.2.1 Zeitverhalten

Die bisherige Steuerungsstruktur des Versuchsaufbaus läßt nur
eine serielle Abarbeitung der einzelnen Programmteile während
des Handhabungsablaufs zu. Bild 52 (linke Hälfte) macht den
zeitlichen Verlauf eines Zyklus beim Ein- und Auslagern deutlich. Die Wegzeiten sind von der Lage der Fächer abhängig.
Durch optimale Regalfachanordnung und -belegung entsprechend
des Werkstückspektrums und der Auftragsstruktur, z.B. in A-, B-
und C-Teile, lassen sich diese Zeiten minimieren. Hier sind
Mittelwerte aus den Wegzeiten des Versuchsaufbaus angegeben.
Die Zeiten zum Ablegen und Aufnehmen der Werkstücke können
nicht weiter reduziert werden, da eine langsame und sanfte
Handhabung notwendig ist, um eine Lageänderung oder Beschädi-
gung der geordnet liegenden Werkstücke im Fach oder auf der
Palette zu vermeiden. Der große Zeitanteil der Bildaufnahme
und -auswertung geht voll in die Kommissionierzeit mit ein. Im
günstigsten Fall liegen alle Werkstücke auf ihrer Sollposition, eine Korrekturbewegung erübrigt sich dann, doch die
Bildaufnahme- und -auswertezeit wird dennoch benötigt. Durch
Programmoptimierung läßt sich diese Zeit etwas minimieren, zum
Beispiel durch Umschreiben des bisherigen Pascal-Programmes
zur Bildauswertung in Maschinensprache. Doch die Zeiteinspa-
rung wird im Prozentbereich liegen. Eine wesentliche Zeitre-
duzierung bringt eine Umstellung auf eine parallele Programm-
verarbeitung. Dies erfordert ein Betriebssystem mit Multi-
Tasking-Fähigkeit. Ein solches Betriebssystem ist erst in
Kürze für Personalcomputer erhältlich. Mit dem Betriebssystem-
wechsel muß eine Modifizierung des Handhabungsablaufs in der
Weise erfolgen, daß bei wiederholtem Anfahren eines Faches

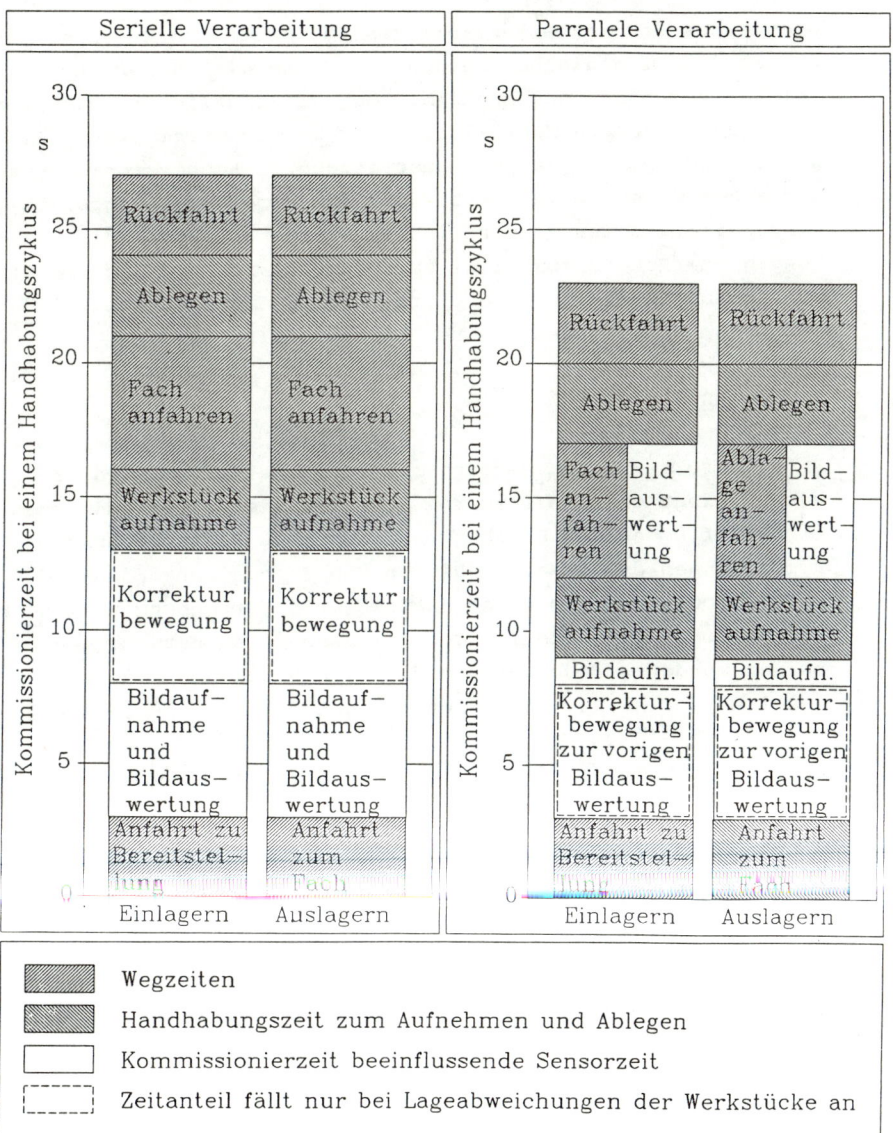

Bild 52: Zeitblöcke des Handhabungsablaufs

oder eines Bereitstellungsplatzes im vorherigen Handhabungs-
zyklus die Bildaufnahme gemacht wird und die Auswertung parallel zum Verfahren des Industrieroboter stattfindet. Dies führt
in Bild 52 (rechte Hälfte) zu einer Zeitersparnis von 4 Sekunden. Bei einem großen Industrieroboter-Kommissioniersystem
ist außerdem empfehlenswert, über den Bereitstellungsplatz
eine weitere Kamera-Laser-Einheit zu installieren, die unabhängig vom Roboter parallel zu seinem Verfahrvorgang die Situation am Bereitstellungsplatz erfaßt, auswertet und die
Daten dem ankommenden Roboter bereitstellt.

7.3.2.2 Zuverlässigkeit

Eine korrekte Bildauswertung, d.h. ein Werkstück wird er-
kannt, hängt entscheidend vom Reflexionsverhalten und den
Lichteinflüssen der Umgebung ab. Störende Reflexionen und
Spiegelungen des Laserstrahls an den Fachseitenwänden und
am Fachboden konnten durch mattschwarze Farbgebung vermieden
werden. Lediglich die für die Bildauswertung notwendigen
beiden vorderen Fachkanten und die Fachrückwand sind weiß
gehalten worden, um das Laserband gut sichtbar zu machen.

Große Bedeutung hat die Einstellung der Binärschwelle für den
Bildverarbeitungsvorgang. Beim Initialisierungsvorgang wird
die Binärschwelle manuell so eingestellt, daß das Laserband
auf der Fachrückwand und auf den vorderen Fachkanten ein
scharfes Binärbild ergibt. Hierbei gilt, daß je niedriger der
Binär-Skalenwert bei der Initialisierung am Handregler eingestellt ist, desto stärker sinkt die Empfindlichkeit des Systems. Dieser eingestellte Binärwert hat bei sehr gut reflektierenden Werkstückfarben einen zu hohen Kontrast und bei sehr
schlecht reflektierenden Farben einen zu niederen Kontrast zur
Folge. Beide Fälle lassen keine Bildauswertung zu, siehe Bild
53. Betrachtet man z.B. das Laserband auf einem silbrigen
Werkstück, so weist das Abbild starke Verzerrungen auf. Senkt
man nun die Empfindlichkeit durch Verringerung des Schwell-
wertes, so verschwinden die Verzerrungen und das Abbild des

Werkstückes tritt als klar erkennbare Linie hervor. Jedoch be-
wirkt die Senkung des Schwellwerts, daß die Empfindlichkeit
gegenüber der Hintergrundfarbe deutlich abnimmt und die Linien
auf den Fachkanten und auf der Rückwand teilweise verschwinden
und somit keine Bezugslinien zur Abbildungsmaßstabbestimmung
vorhanden sind. Wo sich dieser Zielkonflikt Werkstückfarbe zur
Hintergrundfarbe bzw. zu eingestelltem Schwellwert nicht lösen
läßt, führt dies zu mangelhafter Bildauswertung. Eine Verbesserung läßt sich nur durch eine zukünftige softwaremäßige Re-
gelung der Binärschwelle erreichen und durch ein getrenntes
Abspeichern der Bezugslinien für die Fachbreite und Fachtiefe
bei der Bildaufnahmeposition des Industrieroboters.

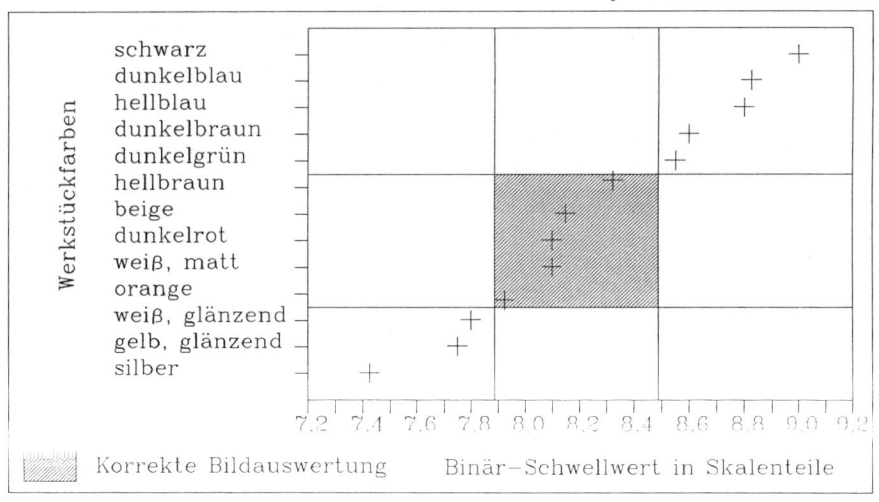

Bild 53: Bereichsgrenzen für eine korrekte Bildauswertung an Hand des Werkstückspektrums des
Versuchs-Industrieroboter-Kommissioniersystems

Trotz eines engbandigen Tageslichtfilters vor der Kamera mit
einer Wellenlänge von 632,8 ± 0,2 nm (Rotlicht) kann das
Tageslicht zu Störungen bei der Bildaufnahme führen. Es emp-

fiehlt sich deshalb, das Industrieroboter-Kommissioniersystem
in einem mäßig beleuchteten oder sogar dunklen Raum zu betrei-
ben.

Die Gestalung der Bereitstellungsplätze und Paletten bzw. Kisten zur Ablage der Werkstücke hat sich analog zum Fach be-
währt. Eine weiße Farbgebung bietet einen guten Kontrast zu
den Werkstückfarben. Zusätzlich dienen weiße Leisten, die bei
der Bildaufnahme hereingeklappt werden, als Bezugslinien für
die Höhe des Beladezustandes der Palette oder des Bereitstellungsplatzes. Bei einer separaten Abspeicherung der Bezugslinien wären diese Leisten nur bei der Initialisierung notwendig.

Das Kommissionieren, das heute sehr häufig noch manuell erfolgt, wird aus Wirtschaftlichkeitsgründen in Zukunft immer mehr automatisiert werden. Eine wichtige Komponente für eine automatische Handhabung in einem Kommissioniersystem stellt der Industrieroboter dar. Seine Einbindung in das Kommissioniersystem und die Abstimmung der Teilkomponenten aufeinander ermöglichen ein vollautomatisches Kommissioniersystem, das automatisch Werkstücke einlagert und sie bedarfsgesteuert in Kommissionieraufträgen auslagert.

Eine Analyse bisheriger Industrieroboter-Kommissioniersysteme machte deutlich, daß sich diese Systeme entweder auf das Handhaben von Transport- und Lagerbehältern ohne direkten automatischen Zugriff auf die Werkstücke oder auf das Kommissionieren mit ungeordneter Abgabe von Werkstücken mit einfachen quaderförmigen Werkstückgeometrien beschränken. Da diese Systeme im Gegensatz zum Menschen in der Regel nur ein Werkstück greifen, ist die Kommissionierleistung gering.

Am Beispiel quaderförmiger Werkstücke zeigte diese Arbeit Möglichkeiten zur Leistungssteigerung in einem Industrieroboter-Kommissioniersystem auf, indem ein Kommissioniersystem mit automatischer Ein- und Auslagerung geschaffen wurde, das mehrere gleichartige Werkstücke zusammen greifen und geordnet ablegen kann.

Zunächst wurden Greifstrategien für den Mehrstückgriff entwickelt, die durch feste Ablage- und Entnahmeregeln ein Lagemuster im Fach nur durch die Werkstückanzahl und die Werkstückabmessungen beschrieben. Diese wurden auf die Einflüsse der Werkstück-, Fach-, und Greiferfläche sowie des Ablagemusters und der Auftragsstruktur untersucht. Die Zugriffseinsparungen waren bei den entwickelten Greifstrategien im Vergleich zum Einzelstückgriff annähernd gleich groß. Vor allem mit zunehmender Stückzahl pro Position und wachsender Werkstückanzahl pro Lage nahmen die Zugriffseinsparungen mit dem Mehrstückgriff zu. Die Einflüsse der Greiferfläche und des

Ablagemusters auf die Zugriffsanzahl waren gegenläufig. So
nahmen zwar die Zugriffe mit zunehmender Greiferfläche ab,
doch wurde ein großer Greifer bei komplizierten Ablagemustern
beim Mehrstückgriff zu wenig ausgenutzt und die Zugriffsanzahl
stieg deshalb. Hier stellte ein Mehrstückgreifer, der die
Breite zweier Werkstückspalten des Lagemusters hatte, ein
guter Kompromiß dar, der Zugriffseinsparungen bis zu 50 Prozent ergab.

Darauf aufbauend wurde ein Palettier- und Kommissionierprogramm für ein Industrieroboter-Kommissioniersystem mit Mehrstückgriff entwickelt. Dieses Programm ermöglichte es dem Industrieroboter, unabhängig von Fach-, Greifer- und Palettengröße einen beliebigen Auftrag von quaderförmigen Werkstücken
aus unterschiedlichen Lagemustern in Fächern zu entnehmen und
zu einer Palettenbelegung mit verschiedenen Ablagemustern zu-
sammenzusetzen. Durch Aufteilung der Ablagemuster entsprechend
174 Fallunterscheidungen des Programmes in Ablage- und Teilablagematrizen wurde der Mehrstückgriff optimal angewandt.

Anschließend wurde ein Mehrstückgreifer entwickelt, der mit
einer horizontal verschiebbaren Saugerplatte sowohl in ein
Regalfach als auch in eine Kiste greifen konnte. Mit einem
speziell modifizierten zeilenorientierten Bildverarbeitungssystem nach dem Triangulationsverfahren erkannte der Greifer
die Lage der Werkstücke und konnte sie mit einem Horizontal-
und Vertikallineal korrigieren.

Dieser Greifer und das Palettier- und Kommissionierprogramm
wurden abschließend in einem Versuchsaufbau eines Industrieroboter-Kommissioniersystems integriert und erprobt. Es zeigte
sich dabei, daß durch das Kommissionierprogramm mit Mehrstückgriff die Kommissionierzeit je nach Ablagemuster um 50
bis 80 Prozent der Kommissionierzeit bei Einzelstückgriff reduziert werden konnte. Dieser Zeitgewinn verringerte sich etwas, da Zeitanteile zur Erkennung der Werkstücke und zu deren
Lagekorrektur hinzukamen. Dennoch war die Leistungsteigerung
durch den Mehrstückgreifer beachtlich.

Die Erprobung im Versuchsaufbau machte weiterhin deutlich, daß
das Sensorsystem nach dem Triangulationsverfahren grundsätzlich
für den Einsatz in einem Industrieroboter-Kommissioniersystem
geeignet ist, da dieses Verfahren auf einfache Weise Lage und
Orientierung eines breiten Werkstückspektrums erkennen kann.
Im Zusammenspiel mit dem entwickelten Mehrstückgreifer und der
implementierten Greifstrategie ließ sich der schon vorhandene
Ordnungszustand der Werkstücke im Fach zur Minimierung der Zugriffe ausnutzen.

Eine zukünftige Übertragung der in dieser Arbeit gewonnenen
Erfahrungen auf ein Industrieroboter-Kommissioniersystem mit
einem parallele Prozesse verarbeitenden Betriebssystem, das
erst in Kürze für Personalcomputer erhältlich sein wird, läßt
ein leistungsstarkes, wirtschaftliches Industrieroboter-Kommissioniersystem für den industriellen Einsatz erwarten.

9   Schrifttum

/1/ Engelberger, J.F.:   Industrieroboter in der prakti-
                                schen Anwendung.
                                München: Hanser, 1981.

/2/ Warnecke, H.-J.;   Handbuch Handhabungs-, Montage-
    Schraft, R.D.:   und Industrierobotertechnik.
                                Landsberg: Verlag Moderne In-
                                dustrie, 1984.

/3/ Schraft, R.D.:   Montage-, Handhabungs- und In-
                                dustrierobotertechnik - die
                                Herausforderung der achtziger
                                Jahre. In: Technische Rundschau
                                78 (1986) Nr. 5, S. 20-27.

/4/ Warnecke, H.-J.:   Development Trends in Automa-
                                tion; Benefits to small- and
                                medium-sized Manufacturing
                                Enterprises. In: Annals of the
                                CIRP 29 (1980) Nr. 2, S. 455-467.

/5/ Engelberger, J.F.:   Historic Perspective of Industrial
                                Robotics. In: Nof, S. Y. (Ed.):
                                Handbook of Industrial Robotics.
                                New York: Wiley, 1985, S. 3-8.

/6/ Bullinger, H.-J. (Hrsg.);   Toward the Factory of the
    Warnecke, H.-J. (Hrsg.):   Future: Proceedings, 8th Inter-
                                national Conference on Pro-
                                duction Research, Stuttgart,
                                20-22 August, 1985.
                                Berlin u. a.: Springer, 1985.

/7/ Herrmann, G.:   Analyse von Handhabungsvorgängen im Hinblick auf deren Anforderungen an programmierbare Handhabungsgeräte in der Teilefertigung. Stuttgart, Universität, Diss. Dr.-Ing., 1976.

/8/ Weiss, K.:   Entwicklung flexibler Ordnungssysteme für die Automatisierung der Werkstückhandhabung in der Klein- und Mittelserienfertigung. Stuttgart, Universität, Diss. Dr.-Ing., 1982.

/9/ Schmidt, J.:   Ordnen von Werkstücken mit programmierbaren Handhabungsgeräten und Werkstückerkennungssensoren. Stuttgart, Universität, Diss. Dr.-Ing., 1983.

/10/ Graf, B.:   Flexibilität und Kapazität von Werkstückspeichersystemen. Stuttgart, Universität, Diss. Dr.-Ing. 1984.

/11/ Jünemann, R..   Robotereinsatz in der Materialflußtechnik. In: Logistik 6 (1985) Nr. 2, S. 36-41.

/12/ Warnecke, H.-J.; Baumeister, K.:   Kommissionierung aus der Sicht der Handhabungstechnik. In: Schweizer Maschinenmarkt 86 (1986) Nr. 9, S. 39-43.

/13/ o.V.:   VDI-Richtlinie 2411, Förderwesen, Begriffsbestimmungen. Berlin und Köln: Beuth-Verlag, 1962.

/14/ o.V.: VDI-Richtlinie 3590, Blatt 1, Kommissioniersysteme, Grundlagen Berlin und Köln: Beuth-Verlag, 1975.

/15/ o.V.: VDI-Richtlinie 2860, Blatt 1, Entwurf, Handhabungsfunktionen, Handhabungseinrichtungen, Begriffe, Definitionen, Symbole. Berlin und Köln: Beuth-Verlag, 1982.

/16/ Warnecke, H.-J.; Schraft, R.D.: Industrieroboter. München: Hanser, 1979.

/17/ Klose, K.: Beitrag zur technischen Gestaltung von Kommissionierautomaten für quaderförmige Packstücke. Dortmund, Universität. Diss. Dr.-Ing., 1985.

/18/ Baumeister, K.: Eiserner Zugriff, Kommissionierroboter im Kleinteilelager. In: Kommissionieren, Sonderpublikation der Zeitschrift Materialfluß (1984) Nr. 10, S. 68-70.

/19/ o.V.: Quick-Pick, Beleglose Kommissionierung-PC-gestützt. In: Materialfluß 16 (1985) Nr. 8, S. 14-16.

/20/ Treptau, M.: Pickzettel ade, Beleglose Kommissionierung. In: Materialfluß 16 (1985) Nr. 3, S. 56-59.

/21/ o.V.:   Eilige Arzneimittel, Kommis-
sionieren im Pharma-Großhandel.
In: Materialfluß 16 (1985) Nr. 3,
S. 56-59.

/22/ Christ, F.;
Hans, G.:   Neue Ideen zum automatischen
Kommissionieren. In: Fördern und
Heben 35 (1985) Nr. 12,
S. 910 und 911.

/23/ Scheid, W.-M.:   An der Schwelle zur vollen Auto-
mation. In: Födermittel-Jour-
nal 18 (1986) Nr. 4, S. 22-28.

/24/ Gudehus, T.:   Grundlagen der Kommissioniertechnik. Essen: Girardet, 1973.

/25/ o. V.:   Roboter als Zubringer, Einsatz
von Kommissionieranlagen für
Mittel- und Kleinserien bei
Leiterplattenbestückungen und
Montagen. In: Moderne Fertigung
12 (1985) Nr. 9, S. 26-31.

/26/ Cardaun, U.:   Der flinke Briefträger heißt
R 55. In: Roboter (1985) Nr. 1,
S. 12-16.

/27/ Wagner, H.:   Problemlösungen aus dem Fer-
tigungsbereich, Wirtschaft-
lichkeitsbetrachtungen am
Fallbeispiel Kommissionieren.
In: Fachtagung Umbruch in der
Kommissioniertechnik, 20./21.
September 1984. München: Manage-
ment Information Center im Verlag
Moderne Industrie, 1984.

- 102 -

/28/ Rehbein, R.:
     Wolk, H.:

Kommissionierroboter und Pro-
zeßrechnereinsatz zur Auftrags-
zusammenstellung in der Flach-
baugruppen-Fertigung. In: ZwF 79
(1984) Nr. 5, S. 234-236.

/29/ Spur, G.:
     Albrecht, R.:
     Kang, M.:

Dispositive Steuerung für eine
automatisierte Kommissionier-
anlage. In: ZwF 80 (1985)
Nr. 5, S. 219-222.

/30/ Hoehne, K.:

Kommissionier-Peter's Weltpre-
miere. In: Materialfluß 15
(1984) Nr. 10, Sonderpublikation
Kommissionieren, S. 8-10.

/31/ Hoehne, K. (Hrsg.):

Der automatische Griff ins Re-
galfach, Kommissionieren und
Ablegen ungeordneter Teile,
Packungen und Tüten.
In: Praktiker-Seminar,
9./10. Mai 1985,
München: Management Informa-
tion Center im Verlag Moderne
Industrie, 1985.

/32/ Schulze W.:

Der Einzug des Roboters in die
Kommissioniertechnik, Fragen
und Antworten zur Integration.
In: Fachtagung Umbruch in der
Kommissioniertechnik, 20./21.
September 1984. München:
Management Information Cen-
ter im Verlag Moderne Industrie,
1984.

/33/ Darger, H.-H.:   Knickarm und Konsorten, Palet-
tier- und Kommissionierroboter-
Systemideen. In: Materialfluß
16 (1985) Nr. 3, S. 36-41.

/34/ Fertmann, H.;   Die Verbindung von Industrie-
Helms, D.:   robotern und automatischen
Flurförderzeugen. In: 4. Inter-
nationaler Logistikkongreß, DGFL,
Dortmund 1983, Kongreßhandbuch 1,
S. 173-179.

/35/ Hoppe, U.:   Rechnerunterstützte Ladeeinhei-
Jansen, R.:   tenbildung mit dem Personalcomputer. In: Packung & Transport 11
(1984) Nr. 11, S. 14-15.

/36/ o. V.:   Raum ist teuer. Computer opti-
mieren Fracht- und Lagerraum-
ausnutzung. In: Logistik 1
(1984) Nr. 1, S. 11/12.

/37/ Salzer, K. W.:   Optimale Packstückanordnung
ohne Computer. In: Distribu-
tion 9 (1983) Nr. 9, S. 24-26.

/38/ Borris, R.:   Kommissioniersysteme im Leis-
Fürwentsches, W.:   tungsvergleich. Landsberg:
Verlag: Moderne Industrie, 1975.

/39/ Wehmhörner, U.:   Ablauf und Zeitbedarf des manuellen Entnehmens. Wilhelms-
hafen, Fachhochschule, Diss.,
1973.

/40/ Müller, T.:   Industrieroboter in der Kom-
missioniertechnik. In: Fördern und
Heben 33 (1983) Nr. 12,
S. 886-890.

/41/ Pieper, R.:   Auswahl und Bewertung von Kom-
                                  missioniersystemen, Entwick-
                                  lung von Entscheidungshilfen.
                                  Aachen, Technische Hochschule,
                                  Diss. Dr.-Ing., 1982.

/42/ o. V.:   Patentanmeldung P 3828381.9
                                  (1986). Sauggreifer (I).

/43/ Baumeister, K.:   Kommissionieren von Kleinteilen
                                  mit Industrierobotern. In:
                                  Industrieanzeiger 106 (1984)
                                  Nr. 101, S. 21-22.

/44/ o. V.:   DIN 55510. Modulare Koordina-
                                  tion im Verpackungswesen. Modu-
                                  lare Teilflächen des Flächen-
                                  moduls 600 mm x 400 mm. Berlin
                                  u. Köln: Beuth-Vertrieb,
                                  März 1982.

/45/ Ahrens, U.:   Fortschrittliche Sensortechnik
                                  als Voraussetzung für erweiter-
                                  ten Robotergebrauch. In: Maschinen-
                                  markt 87 (1981) 23, S. 450-453.

/46/ o.V.:   Patentanmeldung P 3628428.9
                                  (1986). Sauggreifer (II).

/47/ Lübbert, U.:   Beschreibung des zeilenprogram-
                                  mierbaren Bildauswertegerätes
                                  "Zeilensensor". Karlsruhe:
                                  Fraunhofer Institut für Infor-
                                  mations- und Datenverarbeitung
                                  (IITB), 1984.

IPA Forschung und Praxis

Schriftenreihe aus dem Institut für Produktionstechnik und Automatisierung, Stuttgart

Herausgeber: Prof. Dr.-Ing. H. J. Warnecke

Stufenweise Ableitung eines praktischen Planungssystems für den Entwicklungsbereich
Von R. Hichert. ISBN 3-7830-0149-8.
1978, 151 Seiten, kartoniert.   52,— DM

Produktionsplanung mit Auftragsfamilien
Von U. W. Geitner. ISBN 3-7830-0161-7.
1979, 110 Seiten, kartoniert.   45,— DM

Thermisch-chemisches Entgraten
Von T. Wagner. ISBN 3-7830-0164-1.
1979, 111 Seiten, kartoniert.   45,— DM

Untersuchung der Materialflußkosten bei ausgewählten Systemen der Zentralen Arbeitsverteilung
Von R. Wenzel. ISBN 3-7830-0162-5.
1979, 168 Seiten, kartoniert.   86,— DM

Anpassung und Einführung eines Planungssystems für die Ablaufplanung im Konstruktionsbereich
Von W. Dangelmaier. ISBN 3-7830-0163-3.
1979, 168 Seiten, kartoniert.   80,— DM

Längenmessungen an bewegten Teilen mit berührungslos wirkenden Aufnehmern
Von H. Lang. ISBN 3-7830-0157-9.
1979, 89 Seiten, kartoniert.   42,— DM

Untersuchung multistabiler Strömungselemente und ihr Einsatz in sequentiellen Steuerungen
Von A. Ernst. ISBN 3-7830-0157-9.
1979, 122 Seiten, kartoniert.   48,— DM

Taktile Sensoren für programmierbare Handhabungsgeräte
Von M. Schweizer. ISBN 3-7830-0158-7.
1979, 91 Seiten, kartoniert.   42,— DM

Die rechnerunterstützte Prüfplanung
Von P. Bläsing. ISBN 3-7830-0152-8.
1979, 100 Seiten, kartoniert.   44,— DM

Verfahren zur Fabrikplanung im Mensch-Rechner-Dialog am Bildschirm
Von W. Ernst. ISBN 3-7830-0156-0.
1979, 218 Seiten, kartoniert.   72,— DM

Rechnerunterstütztes Verfahren zur Leistungsabstimmung von Mehrmodell-Montagesystemen
Von M. Görke. ISBN 3-7830-0155-2.
1979, 139 Seiten, kartoniert.   50,— DM

Standortbezogene Betriebsmittel
Von G. Pflieger. ISBN 3-7830-0167-6.
1979, 127 Seiten, kartoniert.   52,— DM

Die betriebswirtschaftliche Beurteilung neuer Arbeitsformen
Von B.-H. Zippe. ISBN 3-7830-0168-4.
1979, 350 Seiten, kartoniert.   98,— DM

Untersuchung des Arbeitsverhaltens programmierbarer Handhabungsgeräte
Von B. Brodbeck. ISBN 3-7830-0169-2.
1979, 117 Seiten, kartoniert.   48,— DM

Untersuchung eines kohärent-optischen Verfahrens zur Rauheitsmessung
Von N. Rau. ISBN 3-7830-0174-9.
1979, 117 Seiten, kartoniert.   48,— DM

Entwicklung einer programmierbaren, pneumatischen Steuerung
Von D. Klemenz. ISBN 3-7830-0171-4.
1979, 93 Seiten, kartoniert.   42,— DM

IPA Forschung und Praxis

Berichte aus dem Fraunhofer-Institut für Produktionstechnik und Automatisierung, Stuttgart, und dem Institut für Industrielle Fertigung und Fabrikbetrieb der Universität Stuttgart

Herausgeber: Prof. Dr.-Ing. H. J. Warnecke

IPA-IAO Forschung und Praxis

Berichte aus dem Fraunhofer-Institut für Produktionstechnik und Automatisierung (IPA), Stuttgart, Fraunhofer-Institut für Arbeitswirtschaft und Organisation (IAO), Stuttgart, und Institut für Industrielle Fertigung und Fabrikbetrieb der Universität Stuttgart

Herausgeber: Prof. Dr.-Ing. H. J. Warnecke und Prof. Dr.-Ing. H.-J. Bullinger

Die Bände sind im Erscheinungsjahr und in den folgenden drei Kalenderjahren zu beziehen durch den örtlichen Buchhandel oder durch Lange & Springer, Otto-Suhr-Allee 26-28, 1000 Berlin 10.

Rückgabedatum